CHRISTINE HAIDEN · PETRA RAINER

GARTEN
MENSCHEN

SAMMLER, GESTALTER
UND ENTHUSIASTEN

Residenz Verlag

Inhalt

Von Hausgärtnern und verborgenen Wünschen

Von Gestaltern und Themengärtnern

Vorwort

André le Notre baute für den französischen Sonnenkönig Ludwig XIV. Gärten, die die Natur der Allmacht des weltlichen Herrschers unterwarfen und den Untertanen imponierten.

Meine Großmutter sah den Hauptzweck ihres Bauerngartens darin, genügend Gemüse für die Ernährung der Familie und ausreichend Blumen für die Festtage heranzuziehen.

Ich versuche mich in meinem Mietgarten an Staudenrabatten und Gemüsebeeten aus bloßer Lust an der Gärtnerei. Wenn ich grabe, jäte, setze und schneide, entspannt sich der Geist, und ich erlebe Momente des Einsseins von Zeit und Raum. Jede Garten-Beziehung ist anders. Man geht mit einem Garten eine Lebensgemeinschaft ein, durchaus vergleichbar der Partnerschaft mit einem Menschen.

Schafft der Mensch sich seinen Garten oder sucht der Garten sich seinen Gärtner? Wir können nur über die Seite des Menschen Auskunft geben. Die Partnerwahl ist eine Temperamentsfrage.

Manche Menschen wollen den Garten als eine Art repräsentativen Partner. Manche verwirklichen mit ihm ihre Talente. Die einen wollen die Eigenart des Gartens möglichst wenig verändern, andere schaffen sich mit ihrem Garten einen Traumpartner. Mensch und Garten sind selbstständige lebendige Wesen, gefasst in einer einzigartigen Form und doch ständig in Veränderung.

Wenn man Mensch und Garten zusammen sieht, kann man versuchen, vom einen auf den anderen zu schließen, die Wechselwirkungen wahrzunehmen und die Persönlichkeiten zu beschreiben. Doch das Innerste dieser Beziehung, wenn es tatsächlich eine ist, bleibt für Dritte ein Geheimnis. Das ist gut so.

Daher sind auch die skizzenhaften Porträts in diesem Buch nicht mehr als eine Wahrnehmung, einmal in Form von Texten, einmal in Form von Bildern. Kleine Beziehungsgeschichten, Anregung, über die eigenen nachzudenken.

Wer geliebt wird, ist schön. Das gilt für Menschen wie für Gärten.

Christine Haiden

„Geh in den Garten und höre auf die Stille zwischen den Geräuschen. Dies ist die wahre Musik der Natur."
Aus Japan

VON NATURGÄRTNERN
UND
STILLEN ENTHUSIASTEN

Ein Garten für die Seele

Annemarie Gadermaier kultiviert in ihrem Garten alte, fast vergessene Marillensorten. Ruhe und Kraft gehen zudem von einem hinduistischen Schrein aus.

„Ich bin im Garten daheim, nicht im Haus", sagt Annemarie Gadermaier. Das Haus, das zum 5000 Quadratmeter großen Garten gehört, sei zu klein, zu alt, kaum geeignet für die Bedürfnisse einer dreiköpfigen Familie. Doch der Garten! Ihn hat sich Annemarie Gadermaier erwählt. Oder war es umgekehrt? Viele Male hatte die gelernte Diätassistentin schon ihren Wohnsitz verändert, hatte Länder bereist und in der Ferne gelebt. Vor zwanzig Jahren ließ sich die gebürtige Innviertlerin in Niederösterreich nieder. Zur Zeit der ersten Hochblüte der Bio-Bewegung war sie eine der ersten Mitarbeiterinnen des „evi"-Ladens in Krems. In der „Erzeuger-Verbraucher-Initiative" werden bis heute heimische Bio-Lebensmittel verkauft und dazu auch ein gemeinschaftliches Lebensverständnis gepflegt.

An allen Wohnorten hatte Annemarie Gadermaier einen Garten, egal ob am Balkon oder an einem Bach, fünfhundert oder zwanzig Quadratmeter groß. „Von keinem Garten habe ich etwas in einen anderen mitgenommen. Das hat meistens sehr weh getan, aber es war auch immer eine Lektion im Loslassen", erinnert sie sich.

Im Nussdorfer Garten eroberten die vielen alten Marillenbäume sofort Annemaries Herz. „Viele Sorten, die es auch in der Wachau nicht mehr gibt, wachsen hier noch." Häuschen und Garten hatten einer alten Frau gehört. Viel zu trocken sei der Garten, als dass etwas Vernünftiges hier wachsen könne, meinten die Nachbarn. Und auch die alten Bäume gehörten längst weg. Dieser Logik des Nutzens hat Annemarie über die Jahre ihre eigene entgegengesetzt. Zuerst hat sie rund um das Hanggrundstück einen Schutzwall aus Bäumen und Sträuchern gepflanzt. Kirschbäume und Haselnusssträucher, Flieder und Dirndl, Nussbäume und Lärchen, Birken und Linden, alles wächst mit- und ineinander, wehrt die Winde ab und trägt viele Früchte.

Vom Haus steigt man über eine von mächtigen Kletterrosen überwachsene Treppe in den Garten hinauf. Annemarie Gadermaier schlüpft aus ihren Schuhen und läuft barfuß auf dem Wiesenweg weiter. Ein intensiver Duft streift die Nase. „Der kommt von einer syrischen Seidenpflanze", erklärt die Gärtnerin. Duftende Pflanzen sind besonders willkommen in ihrem Refugium. Links und rechts des Weges ziehen blühende Rabatten die Blicke auf sich. Doch sind es nicht imposante Prunkbeete, sondern sehr fein verwobene Farb- und Blütenthemen, ein Auf und Ab verschiedener Grüntöne. Duftpflanzen, Heilpflanzen und Färberpflanzen hat Annemarie vornehmlich angesiedelt. Der rote Krapp, der blaue Färberwaid oder die gelbe Färberkamille dienten zum Färben von Wolle. „Besonders lieb sind mir Pflanzen, die durch Tausch in meinen Garten kommen." Stück für Stück wird die Erde für Neuankömmlinge frei gemacht. Nicht durch Graben und Jäten, sondern durch eine dichte Mulchschicht öffnet die Gärtnerin die Erde nur so weit, dass die Wurzeln der neuen Gartenbewohner Fuß fassen können.

Bergan weitet sich der Gartenweg zu einem kreisrunden Platz. „Eine Sonnenfalle", wie die Gärtnerin erklärt. In einer kleinen Weinlaube steht eine Rastbank, eine Feuerstelle erinnert an vergangene Lagerfeuer. Oberhalb dieser Ruheinsel nimmt ein Gemüsebeet großen Raum ein. Auch hier herrscht kein strenges Reglement von Reihen und akkurat ausgerichteten Salatköpfen. Alles mischt sich. Blumen und Mangold, Tomaten und Melisse, Kürbisse und Stockrosen, englische Puffbohnen (die nach Veilchen riechen) und dazwischen Weingartenpfirsiche mit vielen selbstgezogenen Setzlingen rundum. „Ich kann in meinem Garten nur mäßig gießen, weil ich mit Wasser sehr sparsam umgehen muss.

Also wächst nur, was das trockene Weinbauklima auch verträgt", erläutert Annemarie Gadermaier. Sie steigt in das Beet hinein, um nach einer bestimmten Pflanze zu suchen. Von jeder weiß sie, wo sie ihren Platz hat. Ein kleiner Flecken am Rande des Gemüsebeetes ist dicht mit Tagetes, den Studentenblumen, bewachsen. Keine Schnecke hat ihnen nach den Blättern getrachtet, denn im Gadermaierschen Garten gibt es die gefürchteten Mitesser nicht. „Die Tagetes sind die Lieblingsblumen von Jagannath", meint Annemarie. Wir queren den Garten hinüber zum Marillenhain. Wie bergend umfangen von den ausladenden Ästen eines besonders alten Marillenbaumes steht dort ein hinduistischer Schrein. Einer kleinen Kapelle nicht unähnlich thront darin die Holzstatue von Jagannath, einer heiligen Figur des Hinduismus. „Sein Lächeln verströmt Lebensfreude und Zuversicht. Seine Anwesenheit stimmt mich heiter", erzählt Annemarie. Sieben Jahre lang hat ihr Lebensgefährte, der im Herzen vedischer Spiritualität sehr verbunden ist, an diesem Schrein gearbeitet. Für die Katholikin Annemarie war die Auseinandersetzung mit den religiösen Überzeugungen ihres Mannes eine große Herausforderung. „Ich bin ganz durch die Religiosität meines Elternhauses geprägt. Ich habe ein großes Vertrauen in den Lauf der Dinge mitbekommen."

Der Platz um den Schrein von Jagannath strahlt große Ruhe und Intensität aus. Seit kurzem ist vor dem Schrein in eineinhalb Meter Tiefe eine buddhistische Friedensvase, die zuvor mit Kräutern und Blumen gefüllt wurde, vergraben. „Sie soll wie eine Art Akupunktur für die Erde wirken, von ihr soll Heilung ausgehen." Vor dem Schrein steht eine Steinschale mit Blumen, die Annemarie jeden Tag erneuert. Oft sind es Tagetes, aber auch alles andere, was hier wächst. „Wir bekommen jeden Tag so

vieles geschenkt. Die Blumen für Jagannath sind eine Geste, dem ‚Herrn des Universums' ein wenig davon zurückzugeben." Neben der Statue der indischen Gottheit findet sich eine Schale mit Wasser, das jeden Tag erneuert wird. „Für mich ist der Platz um den Schrein inzwischen der Mittelpunkt des Gartens", sagt Annemarie. Seit einigen Jahren besucht diesen Ort regelmäßig eine große Persönlichkeit. Der König von Mungir, ein Maharadscha und hinduistischer Prediger. Machte sich Annemarie anfangs Sorgen, dass ihr Haus und ihr Garten für den hohen Gast gar nicht repräsentabel genug seien, kann sie sich nun freuen. „Die wirklichen Größen verströmen Liebe und Akzeptanz." Vielleicht nahm ihr der Maharadscha Angst, indem er auch mit der Bibel in der Hand erschien. „Er findet in den Lehren Jesu viele Parallelen zu seinen eigenen geistigen Ausrichtung." Das Zusammensein mit Buddhisten und Hindus habe nicht ihr Gottesbild, wohl aber ihre Lebenseinstellung verändert. „Von ihnen kann man das selbstlose Geben lernen. Und das Vertrauen in eine höhere Fügung." Robin, der gemeinsame zwölfjährige Sohn, wächst wie selbstverständlich in beiden religiösen Welten auf. Und am liebsten sind ihm ohnehin das Fußballspiel und sein Schlagzeug.

In der Nähe des Schreines hat Annemarie sich an einer Duftsitzbank versucht. Ihr Mann war aus Indien zurückgekommen und wünschte sich eine Bank um einen Baum, wie sie in indischen Dörfern aus Lehm geformt werden. Annemarie steckte Zweige von Haselnüssen, Weiden und Zwiesel in den Boden, verflocht die Seiten und deckt den Sitzplatz nun immer wieder mit duftenden Minzen und Melissen ab. Ein vergänglicher Ruheplatz, der aus dem Garten kommt und in ihm wieder aufgehen wird. Gerade so wie Annemarie Gadermaier ihr Leben im Garten wohl versteht.

Annemarie Gadermaier hat sich der alten Marillenbäume wegen für ihren Garten entschieden.

Ein Garten, so natürlich wie möglich

Sabine Scheybal will ihren Garten wie selbstverständlich an den Charakter der Umgebung anpassen.

„Das schönste Kompliment, das mir jemand zu meinem Garten gemacht hat, war: Das sieht ja aus, als sei es immer schon so gewesen." Sabine Scheybal hat, damit dieser Eindruck entstehen konnte, beinahe 20 Jahre an ihrem naturnahen Garten gearbeitet. Da protzen keine prächtigen Blumen und imponieren keine raffiniert abgestimmten Rabatten. Die 4000 Quadratmeter Garten fügen sich in die Landschaft der Buckligen Welt ein. Die große Ruhe der abgeschiedenen, kargen Gegend überträgt sich auf den Garten. Das leichte Rauschen des Windes im nahen Mischwald ist das einzige Geräusch, das der Besucher an heißen Sommertagen wahrnimmt. Sabine Scheybals Garten liegt in einer Talsenke bei Krumbach. Von der Tiefenbachstraße ansteigend führt ein schmaler Weg durch einen Saum von Laubbäumen. Dann stößt man auf ein kleines Haus. Der Weg endet. Früher lebte hier ein Schneider. Hinter dem Haus streckt sich eine Wiese über die Hügelkuppe hinauf. Links und rechts begrenzt durch Wald und Hecken. Am oberen Ende des Gartens gebietet ein einfacher Drahtzaun den grasenden Wildtieren Einhalt. Er ist mit Schilfmatten ausgelegt und schafft dem Auge Orientierung. Die Wiese wird nur einmal im Jahr gemäht, damit sie immer magerer wird. Ein Gegenkonzept zum Gros der Gärtner, die mit Düngern aller Art auffahren, um pflanzliche Schönheiten aus der Reserve zu locken. Sabine Scheybal konzentriert sich auf die Schönheit derer, die immer schon hier gelebt haben – lange ehe die Wiener kamen.

Sie und ihr Mann Julius haben das Haus fürs Wochenende und für die Ferien gekauft. Die beiden Musiker suchten die Stille und den Ausgleich zum Leben in Wien. Das Engagement im Orchester des Theaters an der Wien war fordernd, das Arbeitsleben mit den zahlreichen Dirigenten und ihren unterschiedlichen Vorstellungen nicht immer friktionsfrei. Julius Scheybal verabschiedete sich in die Pension. Seine wesentlich jüngere Frau folgte ihm im Jahr 2000, um fortan mehr gemeinsame Zeit im naturnahen Garten zu haben. Man schmiedete Pläne, entwarf neue Wege und Elemente. Dann eines Tages eine dringende Herzoperation. Julius Scheybal erwachte nicht mehr aus der Narkose. Im ehemaligen Stall des Schneiderhauses hat Sabine seit kurzem eine kleine Galerie mit Fotografien eingerichtet, die Julius in der Natur der Umgebung aufgenommen hat.

„Das Arbeiten im Garten war mir nach dem Tod meines Mannes sehr wichtig", erinnert sich Sabine Scheybal. Sie hat die gemeinsamen Ideen umgesetzt und mittlerweile schon eigene hinzugefügt. Sabine Scheybal hat als Harfenistin gelernt, ein Instrument zum Klingen zu bringen, aber ihm seine Eigenheit zu belassen. So hält sie es auch mit ihrem Garten.

Auf der nur einmal gemähten Wiese haben sich viele Gräser und Blumen der Umgebung wieder angesiedelt. Durch die Wiese führen während des Jahres nur schmale Wege, die in bogenförmigen Bewegungen gemäht sind. Sie spannen sich über die Wiese wie ein Netz, verschwinden in Gehölzgruppen und tauchen bei Sitz- und Rastplätzen wieder auf. Wie in der umgebenden Natur sind die Ränder des Gartens nicht abgezirkelt, sondern mit Bäumen und Sträuchern bestanden. Fichten, Eschen und Lärchen, Haselsträucher, Tannen und Berberitzen, alles mischt sich wie von leichter Hand gesetzt. Dabei war auch dieses Grundstück einmal ausgeräumt und auf seine Funktion als Wiese reduziert. Vielleicht, um Schneiders Vieh zu nähren? Sabine Scheybal nährt mit ihrem Garten ihre Seele. Und so fügen sich auch Elemente ein, die dann doch nicht ganz typisch sind für die Bucklige Welt. Zum Beispiel ein durch Feng Shui inspiriertes

Rundbeet mit Steinen und Farbsegmenten in Gelb, Blau und Rot. Oder hübsche Figuren aus der Werkstatt der Steinbildhauerinnen Anna und Brigitte Schalk. Pilze aus Stein, die den ganzen Sommer im Schatten der Nadelbäume ausharren, oder Köpfe aus Stein, die der Commedia dell'Arte entstammen könnten und nun eine Sitzbank flankieren wie Wächter des Gartens. An der Ostseite des Hauses hat eine befreundete Künstlerin ein Mosaik gestaltet. „Sabines Geheimer Garten", ein Jahreskreis des Wachsens und Werdens unter den Strahlen der Sonne, symbolisiert in einem Ahornblatt. „Der Ahorn ist zufällig nach keltischem Baumhoroskop mein zugehöriger Baum", sagt Sabine Scheybal. Nach dem Tod ihres Mannes fühlte Sabine Scheybal sich oft sehr allein. Sie sucht nun den Garten auch zu nutzen, um in Gesellschaft zu kommen. Mehrmals im Jahr veranstaltet sie Workshops und Kreativkurse in ihrem Garten. Man töpfert, musiziert, spinnt, legt Mosaike oder flaniert nur durch den Garten. Die Zahl der Gartenfreunde steigt, die sehen wollen, wie es ist, wenn ein Garten so ist, als sei er schon immer so gewesen.

Durch die magere Wiese mäht Sabine Scheybal rasenmäherbreite Wege. Das Rundbeet mit Steinen und Farbsegmenten ist von Feng-Shui inspiriert.

Wie ein Garten zum Lebensinhalt wird

Mit einer Sammlung von Wild-Clematis hat die Gartenleidenschaft von Regina Wiklicky begonnen. Heute experimentiert sie mit Samen aus aller Welt und bildet sich in England zur Gartenexpertin weiter.

Ein Jahr hat Regina Wiklicky Auszeit genommen. Sie will ausloten, wie es weitergehen soll in ihrem Leben. „Es reift die Liebe zum Garten", sagt sie, „ich glaube, dass mein Platz hier im Garten ist." 23 Jahre war sie Mittelschulprofessorin, hat geturnt und Geschichte unterrichtet und vier eigene Kinder aufgezogen. Und nun, ein Jahr Karenz, ein Jahr frei.

Sie tritt hinaus in den Garten, der sich einen sanften Hang abwärts und dann über eine Wiese, einen kleinen Bach bis an den Rand eines Wäldchens erstreckt. Regina Wiklicky kultiviert Gartenraum um Gartenraum. Doch sie ist beileibe keine Schaugärtnerin, die mit gartenarchitektonischen Finessen imponieren will. Wer Regina Wiklickys Garten besucht, sollte sich aufs Pflanzen-Schauen einlassen.

„Das ist eine *Clematis fusca violacea*, mein Augenstern", sagt Regina und hebt sanft die Triebe einer behaarten Waldrebe mit fast unscheinbaren braunvioletten Blüten. Die Samen für diese dezente Schöne hat ihr eine Botanikerin aus Kamtschatka in Sibirien geschickt. Seit einigen Jahren zieht Regina Wiklicky Wildformen der Waldrebe, die sie von Samenjägern aus aller Welt bekommt. Im „Clematis-Kindergarten" im unteren Garten dürfen sie zeigen, welche Anlagen in ihnen stecken, ob sie dem rauen Mühlviertler Klima auch gewachsen sind. Die Wildformen der Waldrebe sind weniger anfällig für die gefürchtete Clematiswelke, die viele Hybridformen binnen Stunden sterben lässt. Was

allerdings entscheidend ist: die zurückhaltenden Blüten der Naturformen gefallen Regina Wiklicky besser.

Geradeso wie die Pfingstrose *Paeonia mlokosewitschii*, die sie in ihrem Garten hegt. Sie hat rote Stängel, gelbgrüne Blätter und einfache, schalenförmige, hellgelbe Blüten. „Ich mag sonst keine Pfingstrosen, sie sind mir zu unproportioniert mit ihren schweren Köpfen, und sie fallen bei Regen immer um." Müsste man sie kunstgeschichtlich einordnen, wäre Regina Wiklicky eher eine Gärtnerin der Romanik als des Barock.

Über Granitsteine, typisch für das Mühlviertel, vorbei am wild bewachsenen Schutthügel, ist sie eben bei ihrem Gewächshaus angelangt. „Das ist die Gartenzentrale", sagt sie stolz. Auf mehreren Etagen im Glashaus und darum herum reihen sich Töpfe und Samenschalen, alle fein beschriftet, dazwischen Schilder mit färbigen Bildern und Werkzeuge. Hier lockt die Samengärtnerin ihre Schützlinge aus dem Erdreich, umsorgt und vereinzelt sie und entlässt sie anschließend in die Auspflanzung. Sei es im eigenen Garten in die Anzuchtbeete jenseits des Gartenbaches oder in fremde Gärten. Was sie aus aller Welt via Samen importiert, muss erst seine Standfestigkeit in Mühlviertler Grund und Boden beweisen, ehe die Samen fürs eigene Sortiment vermehrt werden.

Seit einem Jahr verkauft Regina Wiklicky ihre Überschusspflanzen im Geschäft einer befreundeten Keramikerin in Freistadt. „Die Fotos von den Pflanzen brauche ich unbedingt bei den Pflanzen, sonst würde niemand etwas kaufen", plaudert sie aus der Praxis. Schließlich sind es nicht handelsübliche Allerweltspflanzen, die sie feilbietet, sondern Blütenzaubereien aus fernen Ländern.

Wir haben den Bach gequert und sind im neu gestalteten Teil des Gartens angelangt. Anzuchtbeete, Holztrennwände, formale Beete, gestaltete Wege – „Ich habe gelernt, wie wichtig die Form ist, damit ein Garten wirkt", erzählt Regina Wiklicky. Im Vorjahr hat sie sich in der „English Gardening School" in Sachen Gartengestaltung weitergebildet. Dieser Fernkurs, der im angesehenen Chelsea Physic Garden, dem ältesten botanischen Garten

Englands, angeboten wird, hat ihr Wissen beträchtlich erweitert. „Ich habe viel über Pflanzen gelernt und die ganze Mühle der Gartengestaltung von der Vermessung des Grundstücks bis zum vollständigen Bepflanzungsplan durchgemacht. Es ist fordernd, aber es lohnt sich", resümiert sie.

Wer sich unter einer sibirischen, fleischig-blättrigen Schafgarbe, einer verhalten rosa blühenden koreanischen Glockenblume oder einem violetten Brandkraut wenig vorstellen kann, darf sie in Reginas Garten im Original bestaunen. In vier farblich akzentuierten Staudenbeeten ballt sich eine interessante Pracht. Zum Beispiel hierzulande unbekannte Pflanzen wie eine Tigerglocke, ein kletternder Erdrauch, eine taiwanesische Engelwurz, ein sibirisches Melik-Gras oder ein sibirischer Ehrenpreis. Dass die Beifügung „sibirisch" so oft bei Reginas Pflanzen vorkommt, hängt auch mit den Bodenverhältnissen in ihrem Garten zusammen. Wie viele Teile Sibiriens besteht auch Reginas Garten aus viel Moorerde. Die verlangt Pflanzen einiges ab, wird sie doch unter sengender Hitze staubtrocken und in Regenzeiten glitschnass.

„In meinem Garten kann ich studieren, wie sich die Pflanzen entwickeln", sagt Regina. Wann ist eine Pflanze für sie so schön, dass sie als bewährt gelten darf? „Da halte ich es mit dem niederländischen Gartengestalter Piet Oudolf. Er sagt, eine Pflanze ist dann schön, wenn sie auch schön stirbt." Damit meint er, sie solle auch im Herbst und im Winter noch reizvoll sein. Oudolf fühlt Regina Wiklicky sich innerlich nahe. Ein möglichst natürlicher Garten mit Pflanzen, die ganzjährig für sich stehen und wenig aufwändige Pflege brauchen, so möchte sie es auch. Dezente Blütenfarben von Braun über Violett, von Rosa bis hin zu einem zarten Gelb entsprechen ihren Vorstellungen von Schönheit. Der rostigbraune Fingerhut ist für Regina der schönste, die zarten weißgrünen Blüten der Sterndolden liebt sie, und dem verhalten rotbraunen Wiesenknopf gehört ihre besondere Zuneigung.

Mit viel Enthusiasmus hat Regina Wiklicky anhand ihres englischen Gartenkurses Unterlagen für wissbegierige heimische HausgärtnerInnen entwickelt. Das ansprechend gestaltete Manuskript verteilt sie in Gartenkursen – die Lehrerin in ihr lässt sich nicht verleugnen.

Regina teilt ihre Kenntnisse großzügig. Wer Namen und Adressen von Samenhändlern aus aller Welt wissen will, wird sie bei ihr bekommen. Um sich weite Wege zu ersparen, kann man die kostbaren Körner aber auch direkt bei der Freistädter Gärtnerin erstehen. Sie hat aparte kleine Samensäckchen entworfen, inspiriert von den Samenpäckchen des Chelsea Physic Garden. Noch ist sie am Probieren, am Ausloten der Möglichkeiten, die das Thema Garten ihr in Zukunft, vielleicht auch für den Lebensunterhalt bringen könnte. Ob sie Gartenpläne zeichnen wird? Ob sie mit Samen und Pflanzen handeln wird? Ob sie ihren eigenen Garten zum Schaugarten weiterentwickeln wird? Alles ist möglich. „Ich habe im Garten gelernt, dass man schauen und warten muss." Ganz so wie bei den eigenen Kindern, denen man, so sagt sie, auch nur den „Wurzelgrund" aufbereiten kann. Wachsen müssten sie dann selbst.

Jetzt hat die Mutter Zeit zu überlegen, wie ihr eigenes Leben weitergehen soll. Am liebsten ist Regina Wiklicky schon um sechs Uhr früh im Garten, dann schaut sie, genießt sie, denkt nach. Und erkennt: „Die Einsamkeit des Gärtners ist eine schöne."

Viele Jahre hat Regina Wiklicky als Mittelschullehrerin gearbeitet. Heute überlegt sie, aus ihrer Liebe zur Gärtnerei einen Beruf zu machen.

Wo Kunst und Natur sich verbinden

Werner und Tatjana Gamerith kultivieren seit über 40 Jahren einen Naturgarten. Er spiegelt ihre Lebensphilosophie und wird von Besuchern oft als „Ort des Friedens" empfunden.

Im Sommer führt der erste Weg am Morgen meist in den Garten. Tatjana Gamerith geht entlang der Beete, schaut, riecht, hört, tastet, fühlt und „dann breite ich oft die Arme aus und danke". Die 85-jährige Künstlerin strahlt, wenn sie das erzählt. Seit vierzig Jahren bewohnen sie und ihr Mann Werner das Haus auf einem Südhang in 600 Meter Seehöhe. Eine Bauernkate, die aufgegeben wurde, weil das granitene Land nicht mehr genug zum Leben hervorbrachte. Werner fand das Haus, „das 31., das er angeschaut hat". Nun begann das karge Leben für das Paar, das so einfach und so nahe an der Natur wie möglich leben wollte und aus Wien aufs Land zog, lange bevor die „Aussteiger" das chic fanden. Werner Gamerith hatte gerade sein Studium der Kulturtechnik und Wasserwirtschaft abgeschlossen. Damit war in Waldhausen kein Geld zu verdienen. Seiner Frau fielen als Malerin die Aufträge nicht gerade in den Schoß. Die Suche nach einem Lebensunterhalt begann. Der Stoffdruck mit floralen, volkskundlichen oder abstrakten Motiven, von Tatjana entworfen und von Werner ausgeführt, brachte schließlich das notwendigste Einkommen.

Durch ein großes Holztor tritt man in den Innenhof des Hauses. Große Ruhe umfängt den Besucher. Die Haustür ist halb offen. Drinnen in der Stube arbeitet Tatjana gerade an einem Bild, Werner studiert ein Buch. Schnell sind die beiden zu einem Gang in den Garten überredet. Der erste Blick verfängt sich gleich im Hof an den hohen Königskerzen. Sie wachsen unregelmäßig verteilt über den ganzen Hof und öffnen gerade die hellgelben Blüten. Dazwischen erheben sich wie zufällig die violetten Kugeln des Zierlauchs.

Iris, Lilien und Rosen wirken wie von leichter Hand arrangiert. An der Mauer rankt sich eine rotbehaarte Kiwi, die allerdings noch nie Früchte getragen hat, und über die gesamte Länge des niederen Hauses treibt ein alter Weinstock seine Reben. „Die Naturgartenidee wurde erst in den 1980er Jahren salonfähig. Wir begannen schon zwanzig Jahre vorher, unseren Garten nach biologischen Grundsätzen als artenreiche Lebensgemeinschaft zu gestalten", sagt Werner Gamerith. Von Kindheit an sei er Natur- und Pflanzenliebhaber gewesen, meint Tatjana mit liebevollem Blick auf ihren Gefährten. In einem Steintrog neben der Haustür machen sich gerade die Unken akustisch bemerkbar. Daneben blühen hübsche Etagenprimeln, Venushaarfarn, Dotterblumen und Haselwurz. Wir kommen durch einen schmalen Durchgang zwischen Haus und Stallgebäude in den Garten. Ganz von selbst geht der Blick von der Nähe in die Ferne. Nimmt zuerst die Blumenbeete um das Haus und die kleine Böschung hinunter wahr, registriert den Wald, der im Graben darunter und jenseits der Wiese dunkel anhebt, und geht schließlich über die Baumwipfel in die Ferne. Dort zeichnen sich die Silhouetten von fernen Hügeln und Bergen ab. Aussicht bis zu den Alpen! „Als wir das vor 40 Jahren gesehen haben, wussten wir, das ist unser Platz", erinnert sich Tatjana. Im Sommer schlafen die beiden in ihrem „Sommerschlafzimmer", das sie in einem hinteren Teil des Stadels eingerichtet haben, die Glastür weit geöffnet. Durch das günstige Mikroklima des Sonnenhangs, erzählt Werner Gamerith, beginne rund um ihr Haus der Sommer zwei Wochen früher als im Tal, und zwei Wochen später als unten ziehe erst der Herbst ein. Gleich zu Beginn wurde ein Teich angelegt, der rechts vom Haus bis heute besteht und mit vielen Pflanzen umwachsen ist. Der Aushub wurde auf das Gelände vor dem Haus geschafft. So entstanden zwei Terrassen im Hang. Immer mehr Pflanzen siedelten sich an oder wurden behutsam in das Gartenreich aufgenommen. „Am Anfang haben wir jeder Pflanze viel Kompost in das Pflanzloch gegeben", erinnert sich Tatjana. Die Beete, die in ganz organischen Formen wie übergangslos aus den Wiesenwegen entstehen, sind reich bepflanzt. „Wir greifen nur gelegentlich ein, wenn eine Pflanze die anderen zu verdrängen droht." Erdrauch darf wie Schleierkraut die anderen Blumen umspielen und muss erst weg, wenn er unverschämt raumgreifend wird. „Manchmal", sagt Tatjana Gamerith, „habe ich das Gefühl, dass es den Pflanzen gar nicht so passt, wenn man ihnen sogenannte Unkräuter wegnimmt. Die scheinen sich auch aneinander zu gewöhnen." Ein Garten der Zweisamkeit? „Dort in den Pfingstrosen haben die Rosenkäfer ihr Brautlager", zeigt Tatjana hinüber in eine Rabatte. Plötzlich meint man auch bei den Pflanzkombinationen nur mehr Duette wahrzunehmen. Ein hübscher roter Mohn mit schwarzen Flecken hat sich, wie die Gärtnerin sagt, von selbst zum Blauschwingelgras gesellt. Eine graublaue Kugeldistel und ein silbriggrauer Wermut, das fedrige Grün des Spargels und das betörende Hellblau eines Rittersporns, eine Rotblattrose und ein dunkelrosafarbener Fingerhut – Gartenbilder wie auf der Farbpalette einer Malerin, in feinsten Nuancen abgestimmt. „Ich finde die verschiedenen Farben und Formen so schön", schwärmt Tatjana Gamerith. Ihr Entzücken gilt den großen und kleinen pflanzlichen Ornamenten. „Wir pflanzen, was uns gefällt." Ob Hybride oder Naturform, da sind die Naturgärtner nicht so streng. Besonders viele Rosen, Pfingstrosen und Schwertlilien in den unterschiedlichen Schattierungen sind mit den Lebensbedingungen in Waldhausen einverstanden.

Werner Gamerith lässt seine Frau von der Pflanzenschönheit schwärmen und meldet sich nur hin und wieder mit botanischem Wissen zu Wort. Dass es enorm ist, stellt er mit seinen Diavorträgen, Artikeln und einem Buch über den Naturgarten unter Beweis. Hält seine Frau mit Pinsel und Zeichenstift ihre Impressionen aus dem Garten fest, bannt Werner Gamerith die Entwicklung von Garten und Pflanzen auf zahlreichen Fotos. Dass er auch die tierischen Bewohner des Gartens kennt, versteht sich von selbst. Der Russische Bär, das Landkärtchen und das Pfauenauge flattern von Blüte zu Blüte, die Weinbergschnecken (Spanische Wegschnecken gibt es im Gamerith-Garten kaum!) tragen ihre Häuser durchs Gelände. Im Schwimmteich liegen auf einem Stein gerade Ringelnattern in der Sonne und gleiten bei der ersten Störung sofort in die Gräser des Uferbewuchses. „Oft sagen junge Menschen, die zu uns kommen, dass sie hier großen Frieden empfinden", sagt Tatjana mit Blick auf ihren Mann. Ob ein Naturgarten schon nahe am Paradies ist? Tatjana arbeitet gerade an einem Bildzyklus über die Genesis, die Schöpfung. Ein zu Staunen und Dankbarkeit begabter Mensch wie sie fragt sich dann: „Vielleicht ist Gott der größte Künstler?" Wir stehen wieder im Hof des Hauses. Tatjana Gamerith hält in der Hand ein Blütenblatt des rosafarbenen Mohnes, der unten im Garten in seiner überbordenden, wie von Rubens entworfenen Pracht gedeiht. Gegen das Licht der Sonne gehalten wird das Blütenblatt durchscheinend hell und erinnert an die Form der Jakobsmuschel, die Pilger nach Santiago di Compostela mit sich tragen. Sich im Leben wie in einer Muschel geborgen zu wissen, vielleicht braucht dieses Vertrauen, wer einen Garten um sich wachsen und sich entwickeln lassen will.

Tatjana und Werner Gamerith haben ein altes Bauernhaus renoviert und es mit leichter Hand mit einem wunderbar harmonischen Naturgarten umgeben.

„Niemand sieht eine Blume wirklich – sie ist so klein,
dass sie Zeit braucht – und sie zu sehen, braucht Zeit,
wie es auch Zeit braucht, einen Freund zu haben."
Georgia O'Keeffe

VON SCHAUGÄRTEN
UND
OFFENEN GARTENTOREN

Staudenzauber auf kleinem Raum

Auf knapp 1000 Quadratmetern Hausgarten kultiviert Elfriede Lungenschmied mehr als 5000 verschiedene Stauden und noch immer ist kein Ende des Sammelns absehbar.

„Da bin ich gestanden", sagt Elfriede Lungenschmied und stellt sich zwischen zwei Beete, „und plötzlich habe ich gewusst, was dort drüben noch fehlt." Es war eine Hochstammkonifere. In der dichten Pflanzung von grau, rosa und violett blühenden Stauden soll der immergrüne Strauch nun etwas „Ruhe" schaffen. „Wenn es mir gelingt, etwas zu finden, was genau zu den anderen passt, dann stellt mich das zufrieden." Jede Gärtnerin braucht Ziele. Nur für Elfriede Lungenschmied wird es immer schwieriger, neue gärtnerische Herausforderungen zu finden. Sie hat auf gut 1000 Quadratmetern Garten alles erreicht, was zum Thema Pflanzensammeln und damit auf kleinstem Raum Gestalten möglich ist.

Vor bald 20 Jahren standen im Hausgarten von Familie Lungenschmied in Buchbach bei Ternitz im wesentlichen drei große Birken vorm Haus, entlang des Gartenzaunes trugen Obstbäume Jahr um Jahr ihre Früchte, und an den unteren Rändern des Gartens wuchs ein kleiner, zwangloser Mischwald als Sichtschutz heran. Elfriede Lungenschmied widmete sich ihren vier Söhnen, dem Gemüsegarten und einigen Blumen. Und zeigte keine gärtnerischen Auffälligkeiten.

Heute nennt Elfriede Lungenschmied ihren Garten einen „Staudenzaubergarten". Um zu ermessen, was damit gemeint ist, kann man Zahlen bemühen. Mindestens 5000 verschiedene Stauden – und die Betonung liegt auf verschiedene – hat Frau Lungenschmied mit Namen und genauem Standort in der Pflanzliste ihres Gartens verzeichnet. Diese einem botanischen Garten zur Ehre gereichende Zahl kommt durch einige imposante Sammlungen zustande. So beherbergt der Hausgarten an die 530 verschiedene Funkien (*Hosta*), 175 Sorten Waldrebe (*Clematis*), 130 Farne in allen Varianten, in ebenso reicher Zahl Rosen, Pfingstrosen, von dutzenden unterschiedlichen Schneeglöckchen (*Galanthus*) oder Purpurglöckchen (*Heuchera*) gar nicht zu reden. Da fehlen die 250 Sorten Phlox, die Frau Lungenschmied kürzlich ihrem Sohn geschenkt hat, gar nicht. An der Ecke eines kleinen Gartenpavillons lugt die Linde, *Tillia henryana*, hervor. Ein schöner junger Baum mit Blättern, die an den Rändern gezackt und an der Unterseite pelzig sind. „Dieser Kontrast von spitz und weich, das macht die Pflanze interessant", begeistert sich seine Eigentümerin. Einen Platz, wo die Linde hinpassen könnte, hat Frau Lungenschmied bereits gefunden. Der Besucher staunt: Wo gibt es in diesem Garten noch ein freies Plätzchen außer in den schmalen Rasenstücken zwischen den Beeten? Wir queren den oberen Gartenteil und gelangen durch einen Rosenbogen in ein neu gestaltetes „Gartenzimmer". Auf dem schmalen Stück Garten mühen sich 70 neu gepflanzte Eiben, so rasch es geht, zu strukturierenden Begrenzungen heranzuwachsen. In der Ecke dieses Gartenraumes sehnt sich eine silberblättrige Hängebirne nach den Britischen Inseln, denn sie bräuchte mehr Luftfeuchtigkeit, als in Buchbach verfügbar ist. „Mit der Linde im Hintergrund wäre diese Anforderung vielleicht zu schaffen", überlegt Elfriede Lungenschmied. Sind die Pflanzen erst gekauft, findet die Gärtnerin auch Argumente, warum sie in ihrem Garten unverzichtbar sind. Deswegen wirken manche Begründungen auch wie die Rettungsringe für eine, die sich hoffnungslos in die Pflanzenliebhaberei hat fallen lassen. „Der Garten ist mein Lebensinhalt geworden", bekennt Frau Lungenschmied. Sie investiert ihre Zeit, ihr Geld und ihr ganzes Interesse in ihr grünes Umfeld. Jeden Morgen führt der erste Weg in den Garten. Meist hat sie ein kleines Diktaphon mit. Darauf hält sie fest, was wo im Garten zu tun ist, wer von den Schützlingen versetzt wird, wer einen

Schnitt bekommen soll, wer mit ein bisschen Dünger besser gedeihen könnte, oder es taucht gar eine Idee auf, wo noch eine Pflanze fehlt, die ein Ensemble vervollständigen könnte.

Man kann sich Elfriede Lungenschmieds Pflanzensammlung wie eine riesige grüne Kollektion vorstellen. Sie umfasst unglaublich viele Modelle in allen Größen, Farben und Schnitten. Sie sind aber nicht wie Stangenware einfach irgendwo aneinander gereiht, sondern werden in Kombinationen gezeigt. So stehen beispielsweise nicht alle Funkien auf einem Fleck beisammen, sondern sind im ganzen Garten verteilt und bilden mit anderen Pflanzen zusammen hübsche Ensembles. „Manche Besucher sind von meinem Garten überfordert. Sie empfinden ihn als zu unruhig", erzählt Frau Lungenschmied. Wer ihren Garten besucht, sollte seinen Blick wie bei einer Kamera auf „Zoom" einstellen. Wenn man sich Details näher heranholt, erkennt man die feinfühlige und überaus genaue Abstimmung von einander ergänzenden Farben, von verschiedenen Blattformen und dazu passenden Blüten, von hohen und niedrigen Gewächsen, von breitem oder schmalem Wuchs. Wer über Pflanzen etwas lernen möchte, kann Frau Lungenschmieds Garten auch wie einen riesigen lebendigen Pflanzenkatalog betrachten.

Der Gartenliebhaberin – als Expertin möchte sich Frau Lungenschmied auf keinen Fall bezeichnen – könnte es nun reichen, von Besuchern bewundert zu werden oder, wie schon oft geschehen, von Redakteuren angefragt zu werden. Aber sind das die Herausforderungen, die den Motor dieser Gartenfrau in Schwung halten?

„Es wird tatsächlich immer schwieriger, etwas zu finden, das eine echte Herausforderung ist", sinniert Elfriede Lungenschmied. „Für mich ist die Zahl der Pflanzen jetzt nicht mehr so entscheidend", meint sie. „Jetzt wird es mir immer wichtiger, für die Pflanzen, die ich habe, die optimalen Bedingungen zu schaffen, sodass sie sich wirklich wohl fühlen." Wird sie darüber das rastlose Sammeln lassen können? „Raritäten zu finden, interessiert mich schon noch", gesteht sie. Gleich fällt ihr ein Beispiel ein. „Die Deinanthe habe ich in Blau.

Die ist ganz schwer zu bekommen. Nahezu unmöglich ist es aber, die in Weiß aufzutreiben." Es dürfen Wetten abgeschlossen werden, ob Elfriede Lungenschmied bei den ersten sein wird, die sie irgendwo auf der Welt aufstöbern. Schließlich hat sie seit einigen Jahren auch das Internet für sich entdeckt. Da lässt es sich den Spuren von Pflanzen in der ganzen Welt noch leichter nachjagen und den Kontakt mit Freaks rund um den Globus pflegen.

Dass in einem Familiengarten auch die Herren des Hauses in die Gartenleidenschaft der Hausfrau involviert werden, ist unvermeidlich. Ehemann Ernst schafft Trittsteine für die Beete heran oder rückt mit der Säge an, wenn ein Baum plötzlich stirbt. Sohn Andreas hat gerade eine Staudengärtnerei eröffnet, und Sohn Hannes entwickelte ein Computerprogramm zur einfachen Verwaltung von Pflanzen. Für Hobbygärtner, die an die Erweiterung ihrer Bestände denken oder die von der Sammelleidenschaft mitgerissen werden. Vorsicht! Auch bei Elfriede Lungenschmied hat alles harmlos begonnen: Mit der nichts ahnenden Frage einer Bekannten, ob Frau Lungenschmied denn wisse, dass es eine rosa Taglilie gibt. Muss man sagen, dass sie inzwischen auch von Taglilien eine große Sammlung besitzt? Doch der Reiz der Staudensammlerei scheint sich abzunützen. Sohn Andreas diagnostizierte jüngst recht nüchtern: „Mutter, ich glaube, jetzt hast du deine Baumphase." Ein Kastanienbaum mit geschlitzten Blättern, eine Birke mit fädenartigen Blättern, ein Amberbaum, ein Katsurabaum, eine geschlitztblättrige Erle, eine Säuleneiche oder eine Hänge-Hemlocktanne sind Beleg, dass die Phase schon sehr ernsthafte Ansätze zeitigt. Mit den bekannten Folgen, siehe oben.

Elfriede Lungenschmied besitzt einen der vielfältigsten privaten Schaugärten Österreichs.

Englische Gartenträume im Weinviertel

In England waren Monika und Leopold Köhler noch nie. Dennoch verdient ihr Garten das Prädikat „very british".

Die wahren Abenteuer beginnen im Kopf. Dort nisten sie sich ein und nehmen langsam Form an. Im Fall von Monika Köhler die eines englischen Gartens. Abenteuer und Traum mischten sich bei ihr; genährt vom Studium schöner Gartenbücher wuchs der unbändige Wunsch heran, die Bilder im Kopf Wirklichkeit werden zu lassen.

Ladendorf ist ein unauffälliger Ort in der Mitte des niederösterreichischen Weinviertels. Der Wegweiser zum „Schaugarten Köhler" ist gut positioniert. Unspektakulär sind die Häuser, langgestreckt die Gärten, die hinaus bis zu den Feldern oder zum Zaun des Nachbarn reichen.

Ob es je Trompetenbäume (*Catalpa*) in Ladendorf gegeben hatte, ehe Monika Köhler sie als Spalierbäume wählte? Die kugelig gezogenen Kronen begleiten den Besucher von der Straße hin zu einem Tor. Noch übersieht man nicht, was sich dahinter verbirgt.

Monika Köhler, eine zarte, blonde Frau, empfängt den Besucher unter der Tür. Hier beginnt das Reich ihrer Gartenträume. „Seit 1993 arbeiten wir an diesem Garten", beginnt sie die Geschichte einer Verwandlung zu erzählen. Hinter dem einfachen Bauernhaus der Schwiegereltern wuchsen in einem Acker die Kartoffeln heran, in einem Beet daneben harrten Bohnen, Möhren und Salatköpfe ihrer kulinarischen Verwertung. Im anschließenden Obstgarten reiften seit Generationen Zwetschken, Birnen und Äpfel.

Wir stehen im ersten „Gartenzimmer", dem „Küchengarten". Eine Mauer aus roten Ziegelsteinen fasst den Raum, ein Brunnen markiert die Mitte, Bögen mit englischen Rosen und nach dem Vorbild eines Klostergartens Beete mit Gemüse, Kräutern, Sommerblumen und Rosen. „Wir haben unseren Garten in acht Gartenräume aufgeteilt", sagt Monika Köhler. Wir durchschreiten eine Tür in der Steinmauer. Im nächsten Gartenzimmer, dem „Hofgarten", Skulpturen aus Stein, ein Wandbrunnen – alles verrät den Willen zur Gestaltung. Von Kartoffelacker und reinem Nutzgarten ist nichts mehr zu sehen. Links ein Blick auf das Wohnhaus, das offenbar Stück um Stück renoviert wird. Blickfang im „Hofgarten" ist eine „Chinesische Honigesche", ein schnell wachsender Baum, den auch die Bienen ob seiner weißen Blütenrispen lieben. In den gemauerten Hochbeeten gedeihen verschiedene Hortensien und Schattenstauden. Rechts führt der Weg weiter.

Eine blaue schmiedeeiserne Tür, an den Torsäulen hübsche Zapfen aus Sandstein. Man tritt durch und meint, im Inneren des Gartraumes angekommen zu sein. Eine große Wiese, links blühende Rabatten und rechts ein großer Teich. Summen und Rauschen, leichtes Plätschern, die Ohren registrieren die belebte Ruhe vielleicht noch vor den Augen. Leopold Köhler kommt dazu. Er hat scheibtruhenweise Erde in den Garten gefahren. Nun gibt es einen leichten Hügel, der sich zum Teich neigt. Während er das Gelände geformt hat, „modelliert" Monika Köhler die Rabatten. „Ich sehe meinen Garten wie ein Bild, das ich mit Pflanzen male", sagt sie. Ihr großes gärtnerisches Vorbild ist die englische „Gartenmalerin" Gertrude Jekyll. Sie stellte ihre „mixed borders" aus Stauden und Sträuchern wie auf einer Farbpalette zusammen. Zusammen mit dem Gartenarchitekten Edwin Luytens schuf sie noch heute berühmte englische Gärten wie jenen in Hestercombe. Monika Köhler war noch nie in England, hat keinen der von ihr bewunderten Gärten je in natura gesehen. Ihr Mann ist Forstfacharbeiter, die beiden haben zwei halbwüchsige Kinder. „Für Reisen bleibt uns kein Geld." Jeder übrige Cent wird seit zehn Jahren in die Verwirklichung eines Gartraumes investiert. „Ich mache für alle Gartenräume genaue Pläne, überlege, wie die Wege geführt werden, welche Proportionen die Rabatten haben sollen und was gepflanzt wird." Monika Köhler geht zielstrebig vor. Sie wollte von Beginn an einen Schaugarten, und irgendwann möchte sie die Gärtnerei zu einem echten Beruf machen. Wie sie im Garten Raum um Raum schafft, nähert sie sich auch diesem Ziel mit zäher Entschlossenheit.

Man kann den Köhlerschen Garten am besten kennen lernen, indem man den Wegen folgt. Vielleicht zuerst um den Teich, dessen Rand dicht mit Gräsern, Blutweiderich, Kreuzkraut und anderen Feuchtigkeit liebenden Pflanzen bestückt ist. Aber es gedeihen auch alte und englische Rosen in Rosa- und Purpurtönen, Gräser, Spornblumen, Phloxe, Rittersporn und Clematis. „Beim Teich, der eine ruhigere Wasseroberfläche hat, habe ich in kräftigen Farbmischungen gepflanzt, entlang des Bachlaufes nur in Blau und Gelb, damit die Bewegung des Wassers einen ruhenden Gegenpol hat." Monika Köhler verbannt mit der Konsequenz der fest Entschlossenen unliebsame Farbspender aus den Beeten.

Vom Teich geht es weiter entlang eines Bachlaufes. Der Weg führt über eine hübsch geschwungene Holzbrücke hinein in einen Tunnel aus hohem Rittersporn und Clematis. Intensive Blautöne bezwingen das Auge, man nimmt kaum wahr, welchen Pflanzen sie zuzuordnen sind. Wie werden Rittersporne so unwahrscheinlich hoch? Das Geheimnis liegt am Fuß der Pflanzen: Pferdemist. „Wir bringen jedes Jahr viele Fuhren Pferdemist schon im Frühjahr aus." Monika Köhler verteilt die gut verrotteten Ausscheidungen der Einhufer auf allen Staudenbeeten und arbeitet sie in den Rasen ein. „Durch die Sägespäne im Mist wird der Boden ein bisschen angesäuert. Wir haben zuviel Kalk." Deswegen haben Rhododendren und Azaleen, die Kalk verabscheuen, dem Werben der englisch inspirierten Gärtnerin nicht nachgegeben. Willig folgt ihr indes alles, was Wärme und Trockenheit aushält. Der Rosentunnel ist das Entree zum Zimmer der historischen Rosen. Alle imponierenden Schönen von „Tuscany Superb" bis zu „Champney's pink

cluster" hat Monika Köhler in diesem Raum versammelt. Eine aus Buchsbaum geschnittene Ente leistet ihnen Gesellschaft. Zwischen den Rosen sind Glockenblumen, Beinwell und gefüllte Akeleien flächig gepflanzt. Wie immer, wenn Schönheit sich ballt, beginnt das Staunen den Betrachter zu ermüden. Bei Monika Köhler lohnt es, zur Erholung in den nächsten Gartenraum zu gehen. In eine hohe Hainbuchenhecke ist ein Torbogen geschnitten. Man betritt das „grüne Zimmer". Grüne Wände aus Hainbuche, daran entlang stehen eine „Edwin Luytens-Bank" und Sandsteinfiguren und in der Mitte nur ein Baum. Eine Kugelakazie, in Kronenbreite von einer Buchsbaumhecke umgeben, der Raum zwischen Stamm und Hecke gefüllt mit den rosaroten Blüten der Spornblume. Durchatmen, Augen und Ohren entspannen, kurz verweilen. Es geht noch weiter. Durch den Hainbuchenbogen gegenüber gelangt man in den hintersten Teil des gut 3000 Quadratmeter großen Gartens. Über alte Steinstufen, flankiert von sechs großen Buchsbaumkugel betritt man den Schatten großer Birken und Föhren. Dort bedecken Farne, Efeu, Funkien, Maiglöckchen und Bärlauch, Phlox, Hortensien und Madonnenlilien den ganzen Boden. „Hier gibt es nur die Blütenfarbe Weiß und viel Duft", erläutert Monika Köhler.

Auf dem Rückweg durchschreitet man die Zimmer noch einmal in die andere Richtung. Die Ordnung und die Fülle des Gartens zeigen sich nun aus einem andern Blickwinkel. Eine Gartengestalterin weiß, was sie aus ihrem Areal fürs Auge herausholen kann.

Wieder auf der Straße, meint man tatsächlich, gerade geträumt zu haben. Ein englischer Garten mitten im Weinviertel! Die wahren Abenteuer sind nicht nur im Kopf!

Viele Gartenräume sorgen für Abwechslung im Garten von Monika und Leopold Köhler.

Herrenhaus und Damengarten

Hanna Neves bewohnt das alte Herrenhaus des Laxenburger Schlossgärtners. Ein wunderbarer Musiksalon und ein herrlicher Landschaftsgarten zeugen von der großen Vergangenheit.

„Wenn ich ein altes, verfallenes Haus sehe, möchte ich ihm sofort zurufen: Komm, ich kauf dich und erlöse dich!" Was Dr. Hanna Neves sagt, können vermutlich manche nachvollziehen. Allerdings hat die Anglistin und Germanistin dieses Versprechen schon dreimal eingelöst. Einmal, als sie mehrere Jahre auf Zypern lebte und eine Hausruine zu neuem Leben erweckte. Das zweite Mal in einer alten „Wanzenburg" in Wien und das dritte Mal vor 15 Jahren in Münchendorf. Sie überlegte damals, von Wien aufs Land zu ziehen, und las just an dem Tag, als sie mit ihrem Chor in Laxenburg gastierte, ein Inserat „Altes Herrenhaus in Münchendorf zu verkaufen". „Ich dachte mir noch, so ein Blödsinn, Herrenhäuser gibt es vielleicht in England, aber doch nicht in einem Dorf südlich von Wien." Noch am selben Tag nahm sie das Objekt in Augenschein und entschied: Das kaufe ich. Obwohl die Heizung bloß ein offener Kamin war, die übergroßen Fenster alle zugemauert waren und das Mauerwerk ordentlich feuchtelte. Aber diese Atmosphäre und dieser Garten! Ein ebenes Stück Land vor dem orangegelben, flachen Gebäude, der Putz zwar bröckelnd, aber das Areal mit hohen Eiben und Hainbuchen umstanden, und es gab noch viel Platz, um eigene Ideen zu verwirklichen.

Heute tragen Haus und Garten die Handschrift ihrer Besitzerin. Von der Dorfstraße tritt man durch ein großes blaugrünes Tor in das Anwesen. In einer Rabatte entlang der Hausmauer neigen Taglilien ihre Blüten vor den Eintretenden. An der Hausecke hat Hanna Neves einen gefüllt blühenden Eibisch gepflanzt, der die scharfe Hauskante überspielt. In einer langen Rabatte hin zum Eingang des Hauses, der in Form einer Holz- und Glasveranda gestaltet ist, blüht alles, was der Hausfrau gefällt: Rosen, Clematis, üppige Pfingstrosen, Zinnien, Lobelien und ein ausladender Rosmarinstrauch, der seine Pracht dem pannonischen Klima dieses Landstrichs verdankt. Nach den Pflanzen wollen auch die Tiere des Hauses beachtet sein. Hund Oskar, mit 16 Jahren schon ein alter Herr und etwas schwerhörig, erbellt sich Zuwendung und ein ausgiebiges Kraulen des weißgrauen Fells, und Kater Todor, aus Bulgarien gebürtig, riskiert einen nachmittagsverschlafenen Blick auf die Besucher. Im hinteren Teil des Gartens machen sich gerade die Tochter und der Schwiegersohn von Hanna Neves beim Rasenmähen und Gemüsebeetejäten zu schaffen. Die kleine Enkelin rollert um sie herum.

Doch bleibt gar nicht genug Zeit, den Garten ausführlicher zu bewundern, denn Hanna Neves hat noch eine Sensation zu bieten. Wir treten in das Haus, das uns mit dem Ambiente eines großzügigen, kuppelüberwölbten Zimmers des späten 19. Jahrhunderts empfängt. „Hier war wahrscheinlich einmal die Kutscheneinfahrt", erläutert Hanna Neves und geht voran in den nächsten Raum. Wir betreten den „Musiksalon". Ein tanzsaalartiger, gut 80 Quadratmeter großer Raum, fast vier Meter hoch, aus drei großen Kastenfenstern flutet das Licht herein. Es erhellt wunderschöne Leimmalereien an Wänden und Decke. Zarte goldene Säulen, Efeuranken, mit Blumen gefüllte Pokale, figürliche Darstellungen der zwölf Sternzeichen und die allegorisch gezeichneten vier Jahreszeiten, dazu Gestalten aus der Mythologie und filigranes florales Schmuckwerk. „Dieses Haus hat früher dem Gärtner gehört, der das Obst in den nahen Kaiserhof nach Laxenburg geliefert hat", erzählt Hanna Neves. „Um 1850 hat er diesen Salon errichten lassen. Heute steht er unter Denkmalschutz." Vier Jahre lang hat sie um diesen Denkmalschutz verhandelt, anders wäre die aufwändige Renovierung finanziell nicht zu schaffen gewesen. Ein Drittel der gut 150.000 Euro musste sie dennoch selbst aufbringen. Ein Grundverkauf machte es möglich, denn eigentlich, sagt die Übersetzerin englischer Literatur, hatte sie überhaupt kein Geld. Als Alleinerzieherin zweier Töchter waren ihr große Sprünge verwehrt.

In ihrem wunderbaren Musiksalon veranstaltet Hanna Neves regelmäßig Konzerte. Dazu sind alle herzlich eingeladen. „In so ein Haus und in einen solchen Garten gehören einfach viele Menschen", ist sie überzeugt. In dieser Atmosphäre und für ein gutes Buffet, bei dem auch die Gäste mitarbeiten, treten befreundete Künstler auch gratis auf.

Aber noch ist nicht aller Besonderheiten Ende. Hanna Neves hat mit ihrer Nachbarin guten Kontakt. Deswegen dürfen nicht nur Konzertbesucher, sondern auch wir deren Garten gleich nebenan sehen. Hanna Neves übersteigt einen kleinen grünen Zaun – wegen der Hunde! –, und wir tauchen ein in eine andere Gartenwelt. Die Nachbarin bewohnt das ehemalige Kalthaus der Gärtnerei, wo zu Kaisers Zeiten die Kübelpflanzen überwintert wurden. In diesem Garten bilden auf fast 5000 Quadratmetern die hohen alten Bäume das Grundgerüst. Wie in einem klassischen Landschaftsgarten prägen Sichtachsen zwischen den Gartenteilen den Zusammenhalt des Areals. Feinfühlig hat die Besitzerin das sanfte Schwingen des Gehölzrandes mit Unterpflanzungen verstärkt. Anemonen, Funkien, Strauchclematis und Elfenblumen fügen sich wie selbstverständlich in das Bild ein. In Lichtungen und an Enden der Achsen wurden thematische Gartenräume eingerichtet. Da gibt es einen Sitzplatz mit einer Trockenmauer, auf der blaublühende Katzenminze wuchert, ein Schattenzimmer mit Funkien und einen kleinen, runden, versunkenen Garten in Hausnähe. Dort ist der Boden mit trittfester Römischer Kamille bewachsen. Rundum blühen und duften Strauchrosen in allen Farben. Eine Pracht, in der man sich träumend verlieren kann.

Auf dem Rückweg in den Familiengarten von Hanna Neves queren wir noch einen geheimnisvoll dunklen Gartenteil, in dessen Mittelpunkt ein rundes Wasserbecken steht. Die Kronen der hohen alten Bäume spiegeln sich im schwarzblauen Nass, dichtes Immergrün und Efeu bedecken den Boden ringsum.

Doch da stehen wir schon wieder auf der großen Wiese von Hanna Neves' Garten. „In dem kleinen Rondeau dort fehlt ein Brunnen, ein Springbrunnen, finden Sie nicht?" Stück um Stück gestaltet sie ihren Garten neu. Nimmt Vorhandenes auf und fügt Neues dazu. So ist zum Beispiel schon ein mit Rosen bepflanzter Halbkreis am Gartenrand entstanden. Fast wirkt Hanna Neves etwas zögerlich, wenn sie Neues zu Altem fügt. Vielleicht ist es aber auch bloß großer Respekt vor der Schönheit von Vorgefundenem, das man nur zu „erlösen" braucht.

Hanna Neves ist Spezialistin für die Übersetzung englischer Literatur und Besitzerin eines alten Herrenhauses mit repräsentativem Garten.

Was Gartengestalter im eigenen Garten haben

Bella Bayer und Karl Lueger haben das Handwerk der Gartengestaltung gelernt. Ihren privaten Garten richteten sie am alten Baumbestand aus.

„Eine gute Hand, ein guter Boden und ein guter Dünger", das sind, so erklärt Bella Bayer, die Voraussetzungen, damit im Garten alles blüht und gedeiht.

Die gute Hand dürfte in der Familie der steirischen Gartengestalterin liegen. Ihre Eltern betrieben gleich nebenan eine Baumschule, die inzwischen von ihrem Bruder geführt wird.

Der gute Boden geht im Bayer-Luegerschen Garten auf großzügige Fuhren fruchtbarer Gartenerde zurück, die noch vor dem Bau des Hauses angekarrt wurden. In den Rabatten türmt sich der schwarze Mutterboden.

Ja, und der gute Natur-Dünger, auch das sei nicht verschwiegen, heißt im Hause Bayer „Biofert" und wird jedes Frühjahr im Garten verteilt, ausgespart werden nur die säureliebenden Pflanzen wie Rhododendren.

Da sich im Garten immer seine Besitzer, ihre Liebe zu den Pflanzen, ihr Wissen um die Bedürfnisse der grünen Mitbewohner und um die Regeln der Gartenkunst spiegeln, dürfen sich Bella Bayer und ihr Ehemann Karl Lueger ihren Anteil am Gelingen ihres grünen Paradieses zurechnen. Bella ist studierte Gartenarchitektin und Ehemann Karl Gärtnermeister und Erlebnispädagoge. Viele Pflanzen hat er in den gemeinsamen Garten eingebracht, sie waren ihm schon immer Sammel- und Studierobjekte. Ehe Bella Bayer und Karl Lueger sich vor fünf Jahren zum gemeinsamen Wohnen und Gartenge-

stalten fanden, waren beide ausgedehnte Lebenswege gegangen. Und sie lernten sich ausgerechnet bei einer Reise in die Wüste kennen. Als „Nomade auf Zeit" führt Karl bis heute Reisegruppen in die karge Sand- und Steinlandschaft.

Der Bayer-Luegersche Garten stellt vermutlich die Kontrastlandschaft zur Wüste dar. Das Grundstück, 3500 Quadratmeter inmitten einer Siedlung, ist Bellas Erbgut. Der leicht geneigte, südseitig ausgerichtete Platz war von alten Bäumen bestanden. Sie wurden zum „Grundgerüst" des Gartens. „Wir haben sie alle zentimetergenau vermessen", erzählt Bella Bayer. Das moderne, geradlinige Haus wurde in den Garten eingepasst, sodass die wichtigen Bäume es nun umspielen. Ein hundertjähriger Magnolienbaum blüht vor dem Fenster des Arbeitszimmers der Gartengestalterin. Ein ebenso alter Flieder, dessen Blüten schon hoch oben in der Krone sitzen, schwingt seinen knorrigen Stamm entlang der Fassade aus Holz und Glas. Mehrere Hainbuchen, die halbkreisförmig am Fuß des Hauses stehen, stammen aus einer ehemaligen Hecke, die irgendwann nicht mehr geschnitten wurde, sodass die Bäume „in den Himmel" wuchsen.

„Wir haben keinen detaillierten Plan für den Garten gemacht. Nur die Bäume und das grobe Gerüst für die einzelnen Bereiche haben wir festgelegt", erläutert Frau Bayer.

Am Garteneingang, wo drei große Birken noch vom alten Leben des Gartens zeugen, entstand eine Sitz-Terrasse. Ein Mimosenbaum (*Albizia julibrissiu* „Ombrella"), ursprünglich in Griechenland beheimatet, ergänzt mit seinen hellgrünen, gefiederten Blättern und den zartrosa Blütenständen die Klarheit des neuen Hauses. Eine immergrüne Clematis (*Clematis armandii*) klettert dekorativ über den Stamm des Mimosenbaumes und die dahinterliegende Mauer. Vielleicht wärmen die frostempfindlichen Gewächse einander in raueren Wintern? Nun ist es an der Zeit, den großen Garten zu betreten. Gleich links zieht sich eine lange Rabatte. Gerade blühen die zahlreichen Taglilien, viele stammen aus dem Bestand von Franz Erbler (siehe Seite 63). Zwei große Buchsbäume am Beginn der Rabatte bilden optische Schwerpunkte. Ebenso die in

wachsen sind, sich im Wind wiegen und im Gegenlicht der Sonne glitzern und funkeln. Zum drei Meter tiefen Schwimmteich gehört ein zweiter kleinerer Teich unmittelbar unterhalb des großen, der dicht mit Seerosen bewachsen ist. Am Rande des großen Gewässers hat Bella Bayer ein Schotterbeet angelegt. Darin gedeihen hohe Gräser, Muskatellersalbei und Sonnenbraut. „Die Kombination der Farben aus Gelb und Lila begeistert mich", schwärmt Bella Bayer. Zu ihrer Vorliebe für naturnahe Bepflanzung passen auch die drei verschiedenen Sorten von Wiesenknöpfen, die sie am Teichrand angesiedelt hat.

Als Gartengestalterin kann sie sich einiges vorstellen, das der Gartenbesucher im jungen Garten noch nicht sieht. Zum Beispiel, dass die Hängeesche (*Fraxinus excelsior*) eines Tages einen Tunnel bilden wird, durch den man den Schottersteig zwischen den beiden Teichen betreten wird.

Bleibt noch die dritte und unterste Gartenebene. Dort dominieren alte Obstbäume das Bild. Alte Zwetschkenbäume werden von wildem Wein überwachsen und auf diese Weise in den Garten „integriert". In manchen Apfelbäumen klingen Windspiele, und das bringt eine zauberhafte Note in den Garten. Genau wie die zahlreichen Skulpturen, die überall im Garten postiert sind. „Kunst und Garten gehören für mich zusammen. Beide sind etwas Besonderes", sagt Bella Bayer. Wenn sie einmal im Jahr für zwei Wochen ihren privaten Garten für Besucher öffnet, lädt sie Künstler ein, ihre Werke mit der Pflanzenvielfalt zu verbinden. Dazu gibt es in dem alten Holzhaus oberhalb des Hauses eine steirische Buschenschank. Gartenkultur kann man ruhig etwas weiter sehen.

Garten à la Bayer-Lueger: Pflanzen, Wasser, Kunst.

regelmäßigen Abständen in die Rabatte gepflanzten Bäume und Sträucher. Sie setzen im wahrsten Sinne des Wortes „Höhe"punkte. Die Himalaya-Zeder oder die Strauchkastanie oder eine der 38 verschiedenen Magnolien, die das Ehepaar in den Garten geholt hat. Auch sie stammen aus wärmeren Gefilden, genauer gesagt vom Lago Maggiore, wo Otto Eisenhut unter Magnolienfreunden als Gärtnerei-Geheimtipp gilt.

Der Neigung des Hanges folgend, hat Bella Bayer ihren Garten in Form von drei großzügigen Ebenen angelegt. Die erste Ebene erstreckt sich unmittelbar vor dem Keller des Hauses. Ein großzügiger Rasen, ein Sitzplatz auf geschottertem Rund und die großen Bäume dominieren das Bild. Ein schmaler Wasserfluss, der vom Haus hinunter zur zweiten Ebene führt, muss gequert werden, will man den Schattengarten östlich vom Haus sehen. Viele Hortensien in ihren Blühformen von Rispen, Tellern oder Schneebällen hat das Gärtnerpaar dort gepflanzt, ebenso Farne und Funkien. So entsteht ein kleiner Wald am Haus.

Auf dem Weg zurück zur zweiten Gartenebene, dem Teichgarten, entzückt der Blick auf die „bewegliche Wand". Es sind Gräser, vor allem das Chinaschilf *Miscanthus sinensis* „Morninglight" und das Schmielengras *Molina* „Transparent", die oberhalb des Teiches zu einem dichten Gürtel zusammenge-

Ein wiederentdeckter Schlossgarten

Johanna Steinbrener lebt alleine mit Hunden, Pferden, vielen Gebetbüchern und einem revitalisierten Barockgarten auf Schloss Katzenberg.

„Wenn Sie zwischen fünf und sechs Uhr am Abend kommen, müssen Sie mich bei den Pferden suchen", lautete die Auskunft von Johanna Steinbrener am Telefon. Von der Straße kommend geht man durch eine Allee aus alten Kastanienbäumen hin zum Schloss. Ruhig ist es, ganz still. Am großen schmiedeeisernen Tor findet sich keine Glocke, kein Hinweis, wie man sich bemerkbar machen kann. Man schlüpft durch das Tor und geht auf ein gelbes Wächterhaus zu. Dessen Durchfahrt markiert den Eintritt in den intimeren Teil des Anwesens. Rechts große Stallgebäude – stehen hier die Pferde? Da kommt eine kleine Frau im kräftig-gelben Sommerkleid über den Hof. Zwei elegante braune Jagdhunde laufen vor ihr her. Johanna Steinbrener, Jahrgang 1927, schreitet zügig aus und drückt kräftig die Hand des Gastes. Rasch ist das Gespräch bei den Tieren. „Neun Pferde habe ich noch auf der Koppel, sechs stehen schon im Stall." Früher war Johanna Steinbrener eine erfolgreiche Pferdezüchterin. Im Alter wandelt sie sich zur ambitionierten Gärtnerin. Sie geht voran und schiebt einen Drahtzaun zur Seite, der den Eingang zum Garten verstellt. Zwei frisch renovierte Giganten aus Stein, die einander die muskulösen Arme entgegen strecken, thronen links und rechts des Eingangs auf ihren Betonsockeln. Sie überragen ihre Besitzerin um mehrere Köpfe. Sind die Skulpturen letzte, noch einmal aufpolierte Relikte aus einer feudalen Zeit? Heute lebt die 78-jährige Dame alleine in dem riesigen Schloss. Es wird umfangen von zwei Burgwällen. Auf dessen äußerem liegt der revitalisierte Garten. Die 500 Quadratmeter Garten nehmen sich wie ein Lustgärtlein aus, wie eine Lichtung im dichten Wald aus hohen Bäumen. Sie umstehen das Schloss wie letzte lebende Wächter. Über Jahrhunderte haben Linden, Buchen und Eichen ihre Stämme gemästet und ihre Kronen im Wettstreit um Sonne und Luft beständig verbreitert. Nun machen sie den Rosen Konkurrenz, die sich im Halbschatten redlich mühen. Ob sie je zu überzeugenden barocken Schönheiten reifen werden?

In den tiefen Gräben zwischen den Wällen haben es sich Holunder und Brennnessel bequem gemacht. Ihre naturbelassene Wildheit kontrastiert mit den barocken Rondellen, die den Rosen Heimstatt sind. Doch schiebt sich eine alteingewachsene Buchshecke dazwischen. Sie begrenzt den Blick und führt ihn in die Höhe, hinauf zu den hohen, grauen Wänden des Schlosses, das in einiger Entfernung wie abgeschieden steht. In den mittleren Stockwerken sind die Flügel der Fenster, die sich ganz regelmäßig in das Mauerwerk fügen, geöffnet. Die Phantasie ist angeregt. Wie wird es im Inneren des Schlosses aussehen?

Der Blick kehrt zurück zum wiederbelebten Garten. Die Rose soll die Herrscherin der grünen Insel im Wald sein. Die Königinnen haben Rückendeckung durch eine Steinmauer, die den Garten umläuft. Im Frühling umspielen diese Mauern Kaskaden süß duftender, weißer Jasminblüten. Auch andere Hofdamen leisten den Rosen Gesellschaft. Clematis und Storchschnäbel zum Beispiel. Die Clematis sollten sich, dem Wunsch der Gartengestalterin entsprechend, an hölzernen Obelisken empor ranken und so den Rosen zu noch mehr Geltung verhelfen.

Immer wieder steigt Johanna Steinbrener in ein Rondell, zupft einer Rose die welken Blätter von den Blüten, riecht an einer anderen und ist bei mancher ob ihrer Konstitution noch etwas besorgt. „Mein Vater hatte einen Rosengarten in Winterberg im Böhmerwald", erzählt Johanna Steinbrener von ihren gärtnerischen Wurzeln. 1931 hatte der Vater das Schloss Katzenberg im oberösterreichischen Innviertel gekauft. Als Geldanlage. Kein Gedanke daran, dass schon 1945 das Schloss am Inn die einzig verbliebene Zufluchtsstätte für die Unternehmerfamilie aus Südböhmen werden sollte. Mit acht Kindern und ohne einen Heller bezog die vertriebene sudetendeutsche Familie das Schloss. Früher hatte den Steinbreners halb Winterberg gehört. Mit einer Gebetbuchdruckerei war die Familie zu Reichtum gekommen. „Wir haben Gebetbücher in 28 Sprachen gedruckt und in 43 Ländern der Welt verkauft", erzählt die Schlossfrau mit sichtlichem Stolz. Johanna Steinbrener führt den Gast in das Schloss. Man durchquert einen hübschen Innenhof im Stil der Renaissance und betritt durch die Arkaden ein kleines Museum. Dort sammelt die Schlossherrin Steinbrenersche Gebetbücher. Kostbare Bücher, zum Teil mit Schildpatt und Perlmutt verziert, mit Goldschnitt und schönen Metallverschlüssen zu Kleinodien gemacht. Zeugen einer Zeit, da für viele das Gebetbuch der einzige Buchbesitz ihres Lebens war. Die Erzeugnisse der väterlichen Druckerei hat Johanna Steinbrener auf Flohmärkten aufgestöbert oder von Händlern zurückgekauft. Sie hat das Erbe der Familie dem Vergessen abgerungen wie den Garten dem alles überdeckenden Wald.

Dem strengen Vater hat Johanna, die Jüngste, sich immer gefügt. Gern wäre sie Musikerin geworden, doch der Vater wies ihr eine Lehre in der Landwirtschaft zu. 170 Hektar Grund waren zu bestellen und zu verwalten. Viele Jahre zog Johanna selbst mit Pflug und Pferden die Furchen der Äcker. Nur am Sonntag folgte sie ihrem Herzen – sie spielt seit über 50 Jahren die Orgel der Dorfkirche.

Wie es mit dem Schloss weitergehen wird? Das sei Sache „der Jugend", sagt Frau Steinbrener. Sie denkt dabei an eine Nichte in London, die den Sommer gerne auf Katzenberg verbringt, und an einen Neffen, der im nahen Schärding in alter Familientradition eine exquisite Buchbinderei betreibt. Für Personal lange es längst nicht mehr, und viel Geld fließe in den bloßen Erhalt der Gebäude. Von all den möglichen Sorgen entspannt sich Johanna Steinbrener beim Gärtnern: „Da kann ich ungestört meinen Gedanken nachhängen."

Manchmal geht ihr wohl auch die Vergangenheit durch den Kopf. Die Vertreibung aus Südböhmen ist längst Geschichte. Doch richtig abgeschlossen sei dieses Kapitel erst nach einer angemessenen Entschuldigung des tschechischen Staates, meint die alte Dame. Öfter sind ihre Gedanken allerdings in der Gegenwart. Ihr Garten am Schloss soll sich weiter entwickeln und für Besucher zugänglich sein. Wer will, kann bei der Gelegenheit dann auch einen Blick auf die Steinbrenerschen Gebetbücher werfen.

Im Alter wandelte sich die Schlossherrin Johanna Steinbrener von der erfolgreichen Pferdezüchterin zur leidenschaftlichen Gärtnerin.

Lustwandeln im Landschaftspark

Brigitte Orsini-Rosenberg nennt auf Schloss Damtschach bei Wernberg, Kärnten, einen historischen Landschaftspark ihr Eigen. Er ist einer der wenigen privaten, denkmalgeschützten Gärten Österreichs.

Brigitte Orsini-Rosenberg muss bereits lachen, ehe sie das Geheimnis lüftet. „Wissen Sie, wie man diesen Gartenteil im Familienjargon nannte?" Wir stehen vor einer gekiesten, ebenen Fläche, die halbkreisförmig umpflanzt ist. „Comtessenzwinger!" Den Namen hatten Dorfleute erfunden, die die jungen adeligen Damen nur durch den Zaun beobachten konnten, als der Familiengarten um einen Springbrunnen noch „exklusiv" für die gräfliche Familie da war. Wir lassen uns in eleganten weißen Gartenmöbeln nieder. In zwei Rabatten entlang des Zaunes zum Schlosshof blühen Taglilien und Fingerhut. Farne füllen mit ihren Wedeln den Raum. Anstelle von Buchsbaum haben Pfingstrosen die Rolle der abgrenzenden Stauden übernommen. Ihnen gegenüber, auf der anderen Seite der Kiesfläche, sticht eine hübsche Pflanzung mit der rosafarbenen Rose „New Dawn" kombiniert mit rosa und weinroten Astilben ins Auge. „Das Denkmalamt wollte, dass dieser Gartenteil entfernt wird. Meine Schwiegermutter hatte ihn 1929 angelegt." 1929 – das war dem Denkmalamt zu jung. Denn die eigentliche Sensation auf Schloss Damtschach ist der Landschaftspark aus dem beginnenden 19. Jahrhundert.

Vor gut zehn Jahren watete Frau Orsini-Rosenberg mit Professor Geza Hajos, dem damaligen Leiter der Abteilung Gärten im Bundesdenkmalamt, zum ersten Mal durch „brusthohe Brennnessel" und über „Barrieren aus vermodertem Holz". Allem Unbill zum Trotz erblickte der Professor prompt eine künstliche Ruine im verwilderten Park. Mittlerweile kann man sie mit dem Entstehungsjahr 1817 datieren und weiß, dass sie eine der größten künstlichen Parkruinen in Österreich ist.

Der Spaziergang hatte Folgen. Das Denkmalamt legte der Familie nahe, den Landschaftspark zu restaurieren. „Mich hatten Gärten vorher nicht besonders interessiert", gibt Brigitte Orsini-Rosenberg freimütig zu. Die studierte Architektin lebte mit ihren vier Kindern die meiste Zeit in Wien, und wenn sie sich für das 19. Jahrhundert interessierte, dann der historischen Möbel wegen, die im Schloss Damtschach noch in Verwendung sind. „Dann habe ich mich dem Garten aber mit archäologischem Interesse genähert", erzählt sie weiter. Im Schlossarchiv entdeckte man einen Gedichtband, der sämtliche Elemente des Landschaftsparks in Versform besingt, und Bücher, die den Pflanzeneinkauf im frühen 19. Jahrhundert dokumentierten. „Über sechshundert verschiedene Pflanzen aus aller Welt wurden in Damtschach angesiedelt."

Der klassische Landschaftspark war den Ideen der Aufklärung verpflichtet. Freiheit, Gleichheit, Brüderlichkeit wurden in romantischen Bildern umgesetzt. Kein Zaun begrenzte das Territorium. Rund sechs Hektar umfasst der Damtschacher Park. Zwei Hektar wurden intensiv gestaltet, der Rest war „dekorative Landwirtschaft", wie es Frau Orsini-Rosenberg ausdrückt. Nach dem Zerfall der Monarchie 1918 war von dekorativ allerdings keine Rede mehr. Die wirtschaftliche Not war groß. Auch Orsini-Rosenbergs mussten sich nach der Decke strecken. Brigitte Orsini-Rosenbergs Schwiegervater sah sein Heil in der Waldwirtschaft und forstete den Park mit Fichten auf. Der Landschaftsgarten verschwand im Nutzwald. „Als wir vor acht Jahren begonnen haben, den historischen Park wieder freizulegen, mussten wir zuerst aufräumen", erinnert sich Brigitte Orsini-Rosenberg. Der Bach wurde zurückgebaut, die Fichten wurden weitgehend gefällt, schmale gekieste Wege angelegt. „Ein Gang durch den Landschaftspark sollte ein Gang durch das Leben sein." Symbolische Elemente von der Antike bis zur Ritterzeit dienten dieser Philosophie als Versatzstücke. „Zeitgemäß könnte man das

fast unvermutet vor dem „Steinernen Denkmal" aus 1824. Teile von Ruinen wurden verbunden und der „Erinnerung an das Vergangene" gewidmet. Ein paar Meter weiter vorne treten wir aus dem Wald auf eine Wiese. „Das ist der Landschaftsblick auf den Mittagskogel. Der Blick sollte vom kleinen Denkmal in die Weite bis zum Horizont gehen." Der Blick ist bis heute unverändert, nur ein entfernter Hochspannungsmast stört manche Besucher.

Das drohende Gewitter macht sich immer eindringlicher bemerkbar. Rasch passieren wir den Parapluie-Sitz, ein schirmartig überdachtes Häuschen, das durch einen kahlen Sichtschlitz im Wald den Blick in die Landschaft ermöglicht. Im Eichenhain, erzählt man, hätten sich früher die adeligen Herren duelliert. Der romantische Widerpart findet sich im Buchenhain mit einem „Verliebten Baumpaar". Dazu wurden eine Eiche und eine Ulme von Jugend an ineinander verschlungen. Auf der Lichtung daneben hat der Künstler Marco Pogacnik einen esoterisch inspirierten Stein gesetzt. Er meint, an diesem Platz würden die Elfen tanzen. So erweitert jeder das Konzept des Landschaftsparks für sich. Marie, Johanna und Markus, die künstlerisch begabten Kinder der Schlossbesitzer, nützen Schloss und Garten für Theateraufführungen und Bildhauerausstellungen. Brigitte Orsini-Rosenberg bietet interessierten Gästen Führungen durch den Park an: „Denn man sieht mehr, wenn man etwas darüber weiß." Doch nun rasch hinauf zum „Comtessenzwinger". Es grollt schon heftig in den Wolken. Welch dramatische Stimmung. Als ob Unbefugte aus dem „Heiligen Hain" getrieben werden sollten.

auch als Nachdenkplätze bezeichnen", meint Brigitte Orsini-Rosenberg. Hinter dem Schloß ziehen dunkle Wolken auf. Rasch räumt die Hausherrin das Kaffeegeschirr weg. Wir wollen noch in den Park.

Vom „Comtessenzwinger" tauchen wir ein in den hohen Wald, gehen den Kiesweg hinab und kommen auf einem offenen Platz an. „Das ist das grüne Denkmal", erläutert Frau Orsini-Rosenberg. Fünf Fichten umstehen ein Stück Lichtung. Dreht man sich um, fällt der Blick auf die berühmte Ruine. Sie ist eine poetische Umsetzung dessen, was der Dichter Goethe forderte: „Im Gegenwärtigen Vergangenes." Man muss ganz schön viel wissen, um die Symbolik eines Landschaftsparks zu verstehen. Die Blickachse Ruine und grünes Denkmal verdeutlicht ein wichtiges Gestaltungsprinzip des Landschaftsparks: hell und dunkel, traurig und heiter, vergänglich und erneuert. Wie hätte ich diesen Ort empfunden ohne die Erklärungen von Frau Orsini-Rosenberg?

Weiter geht es über eine kleine Brücke, die den Bach quert und den Blick auf eine eingestürzte Grotte freigibt. Am „Meditationsplatz" könne man lauschen und das „Murmeln der Kaskaden" hören, wie es ein Gedicht aus 1830 beschreibt. Man folgt dem Weg in der Niederung des Parks und steht

„Der kleinste Garten ist manchmal zu groß, wenn es um
die Arbeit geht, die darin getan werden sollte, aber der
größte Garten ist immer noch zu klein, wenn man von
der Pflanzenjagd kommt und die Beute versorgen will."
Jürgen Dahl

VON JÄGERN
UND
SAMMLERN

In den Revieren eines Pflanzenjägers

Josef Kandlhofer hat beachtliche Sammlungen von Hosta, Magnolien und Ilex angelegt – um nur einige Objekte seiner gärtnerischen Begierden zu nennen.

Ihn habe, sagt Josef Kandlhofer, der Virus erwischt. Dieser ist botanischer Art und zeigt sich in einem äußerst ausgeprägten Interesse an Pflanzen, am kaum bezähmbaren Wunsch, möglichst viele davon selbst zu ziehen und in der Folge ihr Wachstum zu studieren. Schließlich bricht der Virus sich in einer unstillbaren Jagdleidenschaft Bahn. Keine botanische Neuheit ist vor den Nachstellungen des pensionierten Malers sicher.

Das Ergebnis seiner Infektion ist ein wunderbarer privater Garten, auf einem Hang oberhalb von Hartberg in der Oststeiermark gelegen. Auf 3200 Quadratmetern hat der Gärtner seine Pflanzen um sich geschart. Natürlich versucht er sie strukturiert anzusetzen. Da ist der Hosta-Garten, dort gruppieren sich die Ilex, und nebenan lockt der Wassergarten. Aber tatsächlich zählt nicht das Ensemble, sondern das einzelne Stück.

Als „Plant hunter", Pflanzenjäger, weist sich Herr Kandlhofer auf seiner Visitenkarte aus. Diese gibt er nur an wirklich Pflanzeninteressierte weiter. Sie kennen einander wie die Mitglieder einer Loge. Wenn sie über Spezies und Subspezies, über Züchter in Amerika und neue Funde im Himalaya reden, wird die Stimme leiser, und man meint ein Glühen im Blick zu bemerken.

Vor seiner Pensionierung leitete Herr Kandlhofer die Werkstätte in einem Heim für sogenannte schwer erziehbare Jugendliche. „Das war ziemlich fordernd, und der Garten war für mich damals ein notwendiger Ausgleich." Heute ist der frühere Ausgleich die Hauptsache im Leben des Oststeirers. Die ersten, die beim Besuch des Kandlhoferschen Garten die Aufmerksamkeit auf sich ziehen, sind die Hosta. In großen Töpfen, aber auch in den Rabatten entlang der Zufahrt entfalten sie ihre meist lanzenförmigen Blätter. Alle Schattierungen von Grün meint man wahrzunehmen. Grüngelb, goldgelbgrün, blaugrün, violettgrün, wiesengrün, olivgrün und dann noch Streifen in allen Varianten von Weiß und Gelb. Der stolze Besitzer neigt sich seinen Schönheiten zu, streicht ihnen über die Blätter, kennt sie alle mit Namen und lobt neben den alltäglich Schönen die mühsam Erjagten und aus Amerika Geschickten besonders. Dort sind die großen Züchter der „Blattschmuckstauden" daheim, auf sie ist der süchtige Sammler angewiesen. Sie haben den Stoff, der ihn von Saison zu Saison weiterleben lässt. Eine Sorte Hosta hält den Rekord im Kleiner-geht-es-nicht-mehr, die andere präsentiert sich mit gehämmerten Blättern. Die nächste punktet mit betörendem Duft. Gelbblättrige Funkien wagen sich auch in die Sonne, während die graublättrigen sich in den Halbschatten verziehen. Sie alle sind mit liebevollen Namen bedacht, die sich nur merkt, wer ganz bei der Sache ist: Maraschino Cherry, Striptease, Spilt milk, Mountain snow, Guancamole, Minuteman oder Blue Joy. Auch in der Haute Couture der Gartenpflanzen gibt es Moden. Im Moment sind das die panaschierten Pflanzen. Die Ränder ihrer Blätter sind aufgehellt, zeigen sich in strahlendem Weiß bis hin zu zitronigem Gelb. Was en vogue ist, muss nicht unbedingt gut zu tragen sein. Das gilt auch für Pflanzen. Werden die panaschierten tatsächlich wachsen? So ganz ohne Chlorophyll, das sich in den hellen Rändern nicht entwickeln kann? Endlich vorbei an den Hostas – man könnte sich bei den grünen Grazien schon verplaudern –, führt Josef Kandlhofer den Gast zu seiner zweiten großen Sammlerliebe: den Magnolien, einer melancholischen Liebe. Die Blüten des Baumes sind oft durch Frost gefährdet. An den Hängen des Lago Maggiore, Herr Kandlhofer war dort, gedeihen Magnolien in üppiger Pracht. Mediterran und feuchtwarm lieben es die Primadonnen des frühen

April, nur in bestem Humus breiten sie ihre Wurzeln aus. Ob der Südhang des Kandlhoferschen Gartens die Magnolien ihre Heimat vergessen machen kann? Zehn Lastwagen mit feuchter, lehmiger Erde ließ der Pflanzenjäger auffahren, um die Magnolien über die dünne Humusschicht, die den steinigen Hartberger Boden bedeckt, hinwegzutäuschen. Doch die immer trockener werdenden Sommer machen Josef Kandlhofer Sorgen. Mit beständigem Mulchen versucht er eine tropische Illusion aufrecht zu erhalten.

An die 30 Magnolien ließen sich bisher zum Bleiben am Kandlhoferschen Hang überreden. Die *Magnolia Saionara* zum Beispiel, die weiß und tulpenförmig blüht. Oder die *Magnolia Butterflies*, die ihre zitronengelben Blüten schon ansetzt, ehe das Laub austreibt. Die Joe McDaniel, erzählt der Sammler, blüht dunkelrot, und die *Magnolia macrophylla* lässt sich zehn Jahre bitten, ehe sie dem geduldgeprüften Gärtner eine Blüte entgegenschiebt. Von der aufwändigen Liebe zu den vergänglichen Schönen des Südens erholt sich Gärtner Kandlhofer, wenn er seinen Ilex-Hain durchstreift. Die immergrünen, zu Recht als Stechpalmen apostrophierten Bäume, brauchen keine Schmeichelei. Sie wachsen langsam, aber beständig. Ein karger Boden schreckt sie nicht ab, und auch das selten herzliche oststeirische Klima verschüchtert sie nicht. In ungezählten Größen, Formen und Farben erfreuen die Ilex ihren Sammler. Er kennt ihre Vorzüge. Die glatte, fast ledrige Oberfläche, die das Licht und den Himmel so schön reflektieren. Die Beeren, die im Herbst zwischen den Blättern auftauchen, in allen Tönen von Weiß, Gelb und Rot. Die Amseln, weiß der aufmerksame Beobachter aller Bewegungen im Garten, lieben besonders die rötlichen Beeren. Und er? Er ergötzt sich an seinen Ilex auch im Winter, wenn der Raureif sich an den Rändern und auf den Stacheln der Blätter festsetzt.

Der Dealer, der seine Sucht nach immer neuen Ilex befriedigen kann, ist der Sammler Buchtmann aus Deutschland. Etwa 300 verschiedene Arten Ilex, Josef Kandlhofer schüttelt bei der Zahl ganz leicht den Kopf, warten dort auf Interessenten. Doch wohin mit all dem Sammelgut im Kandlhoferschen Garten? Vor kurzem hat Josef Kandlhofer von einem Bauern eine angrenzende Wiese gekauft – die Sammelleidenschaft wäre wohl implodiert ohne diese Perspektive.

Auf Gartenreisen nach England hat Herr Kandlhofer die Pracht britischer Gärten kennen gelernt. Der seine sei dagegen doch sehr mickrig, meint er beinahe sorgenvoll. Würde er sich an österreichischen Gärten messen, fiele der Vergleich ganz anders aus. Wo sonst hat man Gelegenheit, in einem privaten Refugium einen Judasbaum, einen Taschentuchbaum oder einen Osagedorn zu sehen? Von weiß- und gelbpanaschiertem Holunder gar nicht zu reden und die zahlreichen Hartriegel, Clematis und Moorbeetpflanzen ganz außer Acht lassend!

Die Sammler unter den Gärtnern haben immer ein Ziel vor Augen. Seit einiger Zeit hat Josef Kandlhofer den Ginkgo im Visier. Der Fächerbaum wird sein nächstes Sammelobjekt. Demnächst, erzählt er noch beim Abschied, werde er sich mit seinem Bruder wieder nach Italien auf den Weg machen. Dort kennen die beiden schon jede bessere Baumschule. Und dort, hoffen sie, werden sie wieder grüne Lebewesen aufstöbern.

Gärtner wie Josef Kandlhofer schwanken immer zwischen Sammelwut und Gestaltungswillen. In Balance gebracht ergeben sich Gartenräume.

Der Garten des intelligenten Faulen

Karl Ploberger gilt als der Biogärtner der Nation. Der Fernseh-Moderator probiert und erforscht im eigenen Garten, was er an Planzenwissen weitergibt.

Wäre es anders gelaufen, dann könnte man sich Karl Ploberger auch als Forschungsreisenden und Entdecker in Sachen Pflanzen und Botanik vorstellen. Doch das Leben hat ihn mit einem 2500 Quadratmeter großen Grundstück bedacht, mit einem Beruf als Marketingchef und Moderator im ORF. Also ist Karl Ploberger zu einer Art Heim-Forscher geworden. Stück um Stück holt er sich Pflanzen aller Art in seinen Garten und erprobt, wie sie wachsen und wie sie sich zu ansprechenden Arrangements verbinden lassen.

Sein Gartenwissen fasst er in erfolgreichen Gartenbüchern zusammen und hat sich den Ruf eines „intelligenten, faulen Gärtners" erworben.

An einem Samstag schon um halb acht Uhr früh treffen wir ihn zu einer Führung durch seinen Garten. Noch etwas müde von den Strapazen der Fernsehwoche kommt Ploberger aber schnell in Fahrt, wenn er von seinen Pflanzen erzählen kann. „Riechen Sie einmal an der Pflanze, wonach duftet die?" Die Nase zu den zarten gelben Blüten stecken und dann mutmaßen: Erdbeere vielleicht oder Papaya? „Das ist Ananas. *Cytissius batandiera*, ich weiß gar nicht, wie der deutsche Name ist. Vielleicht sollte man ihn Ananas-Goldregen nennen", schlägt der Gärtner vor. Bei der jüngsten Gartenreise nach England konnte er nicht widerstehen, das silberblättrige Geschöpf einzupacken.

Wir sind rasch vorbeigeeilt an den dicht mit Rosen, Rittersporn und sonstigen üblichen Gartenschönheiten bepflanzten Beeten. Sie bilden klassische Staudenrabatten, die um die Veranda verlaufen und den Garten strukturieren. Auch der kleine Bach, vor ein paar Jahren war er die Sensation im Plobergerschen Garten, scheint den Hausherren selbst nicht mehr besonders zu interessieren. Er ist schon vorausgeeilt. „Kennen Sie schon mein Moorbeet?" Nein, aber die Entdeckung steht bevor. Eineinhalb Meter tief wurde dafür der lehmige Boden abgetragen, die Grube mit Teichfolie ausgekleidet, schließlich wurden alte Kübel mit Moorerde befüllt, Torfblöcke herangeschafft und vieles mehr gerichtet und gebaut. Das alles, um dem rundblättrigen Sonnentau, der Kannenpflanze, der Venusfliegenfalle, dem Knabenkraut und fingernagelgroßen Farnen eine Heimstatt zu bieten. Und Gärtner Ploberger eine Möglichkeit zum Heimstudium der Moorpflanzen-Welt. Staunen und Besitzerstolz vermischen sich, wenn sich der großgewachsene Mann niederhockt und die filigranen Grünwesen in Augenschein nimmt. Die mögliche Kritik eingefleischter Biogärtner, die Torf aus ökologischen Gründen nie in ihrem Garten akzeptieren würden, scheint dann ganz vergessen.

Eine der ersten Anlagen im neuen Haus der Familie Ploberger war der Naturteich, am unteren Rand des Grundstücks. Durch eine dichte Hecke aus Sträuchern ist er vor den Blicken Neugieriger geschützt. Ein beliebter Spazierweg der Seewalchener führt am Haus vorbei. „Da hinten ist er!", hört der Willkommen-Österreich-Moderator gelegentlich jemand rufen.

Wir schlängeln uns zwischen Teich und Hecke in den Schattengarten. Dort gedeihen Funkien, und im Frühling breitet sich unter dem lichten Blätterdach eine wahre Narzissenweide aus. Gestaltet nach dem „System Ploberger", wie der Gärtner erläutert. Die Narzissenzwiebeln werden grobwürfig auf der Erde verteilt und dann mit frischem Kompost und Mulchmaterial zentimeterdick bepackt. Erspart Vergraben und baut obendrein eine gute Erde auf. Ein intelligentes System für Faule? Na ja, ein bisschen Geld und auch genügend Zeit braucht der Gärtner trotzdem. Wenn es diesen wie Karl Ploberger gar zu arg in der Fernsehwelt herumtreibt, dann erscheinen Gartenfeen, wie eine pflanzenliebende Schwägerin, und sorgen für die grünen Wesen. Uli Ploberger, die Ehefrau, teilt den Pflanzenenthusiasmus ihres Mannes nicht unbedingt. „Wenn irgendwo Pflanzen in den Weg hereinragen, schneidet sie die immer gleich ab", klagt dieser. Aber immerhin hat sie sich zu einer „Ehe mit Garten" entschlossen. „Wir kennen uns, seit wir 17 waren. Damals habe ich sie eingeladen, ich wolle ihr etwas zeigen. Es waren dann nicht meine Schallplatten, sondern meine Pflanzensammlung im Glashaus. Sie sagt, das wäre schon etwas gewöhnungsbedürftig gewesen", erinnert sich Karl Ploberger. Wir gehen südlich am Haus vorbei. Ein neuer Hainbuchenbogen ist gerade in Erprobung, in den Blumenkästen an den Fenstern „ganz neue hellblaue Lobelien" und rechts vom Haus ein Stück Ruinengarten. Diese typisch britische „Theaterkulisse" ist aus alten Ziegeln gemauert und mit altem Gerät bestückt. Viele wärmeliebende Pflanzen in Trögen und Töpfen haben hier ihre Sommerstatt. Und der Gärtner hat eine Idee aus dem Mutterland der Gartennarren selbst ausprobiert. Viel mehr interessiert ihn momentan allerdings, wie die verschiedenen Holunderarten, die am Rande des Ruinengartens gesetzt sind, gedeihen. Holler mit weißen Früchten, Holler in Purpurrot oder mit weißgeränderten Blättern, das Forscherherz schlägt höher. Ebenso wie bei der Sammlung Duftgeranien, der Sammlung Kamelien, der Sammlung Veilchen und der Sammlung Erdorchideen, die in ungezählten Töpfen den Gärtner erwarten.

Wir treten in ein Glashaus mit trockener, warmer Luft. In hübsch anzusehenden Tontöpfen sieht der Laie: nichts. Nur Kieselsteine, einzelne vertrocknete Blattstängel. „Ich habe über 200 verschiedene Zyklamen, die haben jetzt ihre Ruhephase", erzählt Karl Ploberger. Die wahren botanischen Sensationen scheinen sich für ihn in den Spezialgebieten der Pflanzengärtnerei abzuspielen. Die Gestaltung von Gartenräumen, das Aufziehen von heimischem Gemüse, wie ganz hinten im Garten zu sehen, oder das Anlegen von Blumenwiese und Obstspalier sind längst erprobt und gewusst.

Nur für Kakteen, sagt er, fehle ihm noch jedes Interesse. Ploberger eilt in das Warmhaus: „Da können Sie gleich riechen, wie gut das duftet, wenn gegossen wird." Es wäre verwunderlich gewesen, wenn nicht auch in dieser Dschungelatmosphäre ganz besondere Pflanzen den Gartenforscher erwarteten. Die englische Duftpelargonie „Apple Blossom", die in England als Spalier gezogen wird, aber in Seewalchen nur sehnsüchtig durch die Glasscheiben blicken darf, oder das Amaryllisgewächs *Habrantus robusta*. Sie alle sind nun mit Wasser benetzt und danken dem Gärtner mit feinen Düften.

An der rückwärtigen Hauswand wächst ein Marillenbaum, den Ploberger auf Anraten einer Tiroler Bäuerin an die Nordostecke gesetzt hat. „So blüht er später und ist weniger frostgefährdet." Vieles, was er weiß, verdankt er auch den KosumentInnen seiner Gartensendungen.

„Kaffee ist fertig!", ruft Ehefrau Uli aus dem Haus. Doch ist noch kein Ende zu finden mit den bewunderungswürdigen Pflanzenschätzen. „Das ist meine Lieblingsrose", streicht Ploberger über die Blüten von „Ghislaine de Feligonde". Sie blüht und verblüht in drei Farbschattierungen von Orange, Gelb und Rosa.

Noch eine letzte Frage: In welcher Rolle sieht Ploberger sich selbst in seinem Garten? „Als Dirigent", kommt die Antwort ganz schnell. In welchem Stück? „Am liebsten Vivaldi, mit vielen Streichern!" Doch nun zum Kaffee, denn Ehefrau Uli Ploberger verkocht die süßen Früchte des Gartens zu köstlichen Kuchen. Auch große Dirigenten und unermüdliche Forscher brauchen Labstellen.

Inspiriert von vielen Gartenreisen nach England gestaltet Karl Ploberger zum Beispiel einen Ruinengarten.

Die Taglilien des Zöhrmüllners

Er arbeitet, wenn andere Leute schlafen, und züchtet Blumen, deren Blüte nur einen Tag lang hält: Franz Erbler.

An einem heißen Sommernachmittag treffe ich Franz Erbler in seinem Garten schlafend an. Ein leiser Windhauch streicht durch die Blätter der hohen Birke über ihm. Die gelben und roten Taglilien in den Beeten ringsum verharren mit ihren Blüten reglos in der Nachmittagssonne, die Funkien ziehen sich noch einen Deut tiefer in den Schatten der hohen Stauden und Bäume zurück.

In der Zöhrmühle lebt alles einen eigenen Rhythmus. Franz Erbler ist der Seniorchef der Mühlenbäckerei. Sein Tagwerk beginnt um ein Uhr nachts. Bis zum Morgengrauen müssen die Laibe und Strietzeln knuspern und duften, ehe sie von den jungen Bäckersleuten oder von Franz Erbler ausgeliefert werden. Um acht Uhr morgens ist er von dieser Tour zurück, und dann, ja dann geht mit dem 70-Jährigen seine eigentliche Leidenschaft durch. Und die heißt Garten, vielmehr Blumen und noch genauer gesagt: Taglilien. „Ich mache einen ersten Gang durch den Garten, schaue, was los ist." Besonders interessant ist es natürlich, wenn Blütezeit ist. „Da ist jeden Tag spannend, wie die Blüten der Sämlinge, die sich das erste Mal zeigen, aussehen." Mittlerweile hat sich Franz Erbler den Nachmittagsschlaf aus den Augen gerieben.

Anfang der 1960er Jahre schenkte ihm ein Lehrer und Hobby-Botaniker aus dem Nachbarort seine erste Taglilie. „Damals wurde ich mit dem Virus infiziert", lacht Franz Erbler. Der Virus heißt „Sammeln und Züchten". Unter Pflanzenfreunden eine häufige Infektion, die dazu führt, dass es nie genug ist. Nie genug gesammelt, nie genug nachgeforscht, nie genug ausprobiert. Franz Erblers „Krankheitsverlauf" lässt sich an äußeren Daten relativ einfach schildern. Zuerst das Pflanzengeschenk, das den Virus „eingeschleppt" hat. Es folgte eine erste Zeit des Erforschens, was denn Taglilien, *Hemerocallis*, überhaupt sind. Schließlich erste Kontakte mit Pflanzenverkäufern und Pflanzensammlern, Erwerb von größeren Mengen unterschiedlicher Taglilien, erste eigene Zuchtversuche, intensiverer Austausch mit anderen Züchtern. Wechselseitige Besuche, Durchforsten von Fachliteratur und Beitritt zu einschlägigen Gesellschaften, wie der amerikanischen, der europäischen und der deutschen Hemerocallis-Gesellschaft, und dann die erste Teilnahme an der Prämierung von Neuzüchtungen. Die eigenen Pflanzenkinder werden sorgfältig ausgewählt, nur die schönen mit den richtigen Proportionen und den gerade modernen Blütenformen haben Chancen. Warten und bangen, ob sie sich auch in den Freilandversuchen bewähren werden. Wer danach eine Urkunde mit dem Vermerk, seine Züchtung sei „empfehlenswert", erhält, nährt nicht nur die eigene Befriedigung, sondern rückt auch in der Rangordnung der Züchter auf. Was den Sammler und Züchter innerlich antreibt, vermag Franz Erbler nicht auf Anhieb zu sagen. Da muss er nachdenken und kommt auf ein Motiv: „Die Leidenschaft, die Leidenschaft für die Pflanzen."

Seine Leidenschaft lässt sich an Zahlen festmachen. In Erblers Garten wachsen über 3000 verschiedene Sorten von Taglilien. An die 2000 Sämlinge, das sind seine eigenen Neuzüchtungen, gedeihen an den warmen Plätzen rund um die Mühle. Seinen Neuzüchtungen gibt Franz Erbler Namen, deren erster Teil immer „Haller" heißt, nach dem nahen Bad Hall, und der zweite beschreibt den Charakter der neuen Taglilie, zum Beispiel „Haller Frohsinn". Es gibt derzeit international etwa 40.000 registrierte *Hemerocallis*. Das Mekka der Hemerocallis-Freunde ist Amerika. Dorthin pilgert auch Franz Erbler immer wieder, dem Internet sei Dank.

Für Pflanzenfreunde näher liegend ist der Hemerocallis-Hang im Erblerschen Garten. Von Ende Mai bis Ende August blüht es hier in allen Farben und Versionen. Hat das ungeübte Auge zu tun, sich zwischen allen erdenklichen Abstufungen von roten, gelben, orangen und weißen Blüten zu orientieren, macht Franz Erbler sofort die schönen, zukunftsträchtigen aus. „Momentan sind die Züchtungsziele, möglichst stark gerüschte und gewellte Ränder in unterschiedlichen Farben zu bekommen." Außerdem sind „schöne Augen" gefragt. Das meint, dass ein Farbring in der Blüte möglichst groß und farblich von der Blüte abgehoben sein soll. Zum Beispiel ein violettes Auge in einer gelben Blüte mit einem leicht orange schimmernden gerüschten und gewellten Rand. Die ganze Pracht ist angelegt für nur einen Tag, denn länger hält keine Blüte. Kräftig, aber auch etwas wächsern und ziemlich steif wirken diese hochgezüchteten Schönheiten. Ich gestehe, dass mir die Spider-Formen im Hemerocallis-Hang von Franz Erbler eher zu Gemüte gehen. Diese Spinnenformen wirken schlanker, haben einen natürlicheren Schwung und eine weniger pompöse Blüte. Doch wollen sie vor den Jurys der Züchter bestehen, müssen auch sie dem Reglement entsprechen. „Das heißt 1:7", weiß Franz Erbler. Die Auflösung des Zahlenspiels hat mit Fußball gar nichts, aber viel mit den Blütenblättern zu tun. „Sie sollten einen Zentimeter breit und sieben Zentimeter lang sein."

Franz Erbler steht gerade vor seiner Lieblingstaglilie, der *Hemerocallis* „Tausendschön", eine rosafarbene Erscheinung, die ihr „Gesicht" besonders schön zeigt, wie der Züchter erklärt. Das heißt, sie hat ihre Blüte ganz geöffnet und wendet sie dem Betrachter zu. Vor den strengen Blicken der prämierenden Gilde könnte „Tausendschön" nicht bestehen, bedauert Herr Erbler. Die Blüte schaffe die geforderten 20 cm, die sie sich über das Laub schwingen sollte, nicht. Wie eine Hochspringerin mit zu kurzen Beinen steht sie da. „Aber wir sind ja auch nicht perfekt", tröstet der Züchter sich und vielleicht auch die Pflanze.

Im Lauf von 40 Jahren, die Franz Erbler auf der Zöhrmühle ansässig ist, hat er beständig Jahr um Jahr neue Gartenflächen um die Gebäude herum angelegt. Rund 3500 Quadratmeter von einem Hektar Grund sind bepflanzt und gestaltet. Der ehemalige Küchengarten vor dem Wohnhaus, den der Mühlbach durchfließt, ist mit hohen Bäumen, Hostas, Taglilien, Lilien, Pfingstrosen und vielen anderen Pflanzen gestaltet. Es ist fast schon müßig zu sagen, dass Franz Erbler auch andere Pflanzen sammelt. An die 300 verschiedene Hostas sind sein Eigen und 25 verschiedene Pfingstrosen.

Früher gab es auch 500 verschiedene Rosen und 135 verschiedene selbst veredelte Bäume. Doch der winterliche „Kältesee" rund um das tiefgelegene Gelände setzte dieser Pracht ein frostiges Ende. „Hemerocallis und Hostas sind pflegeleicht", erzählt Franz Erbler. Ein wenig Dünger für die blühenden Hemerocallis und Unkrautzupfen bei den jungen Hostas, das sei alles. „Schließlich habe ich niemand, der mir beim Unkrautjäten hilft." Die große Familie, Franz Erbler hat drei Kinder und acht Enkel, hält zwar im Betrieb zusammen, doch bei der Gartenarbeit unterstützt ihn höchstens seine Frau.

Pflanzenfreunde dürfen sich im Garten des Franz Erbler gerne umsehen. Denn dort gibt es noch einiges mehr zu sehen: eine „Hostastiege" im Obsthang zum Beispiel oder einen ganz neu angelegten Hanggarten mit zahlreichen Rosen und einem riesigen Teich.

Nach dem ausführlichen Rundgang durch die Gärten des Franz Erbler hätte ich nun gute Lust, mich auf ein Nickerchen auf die Gartenbank zu legen. Auch Staunen kann müde machen.

Ein Teil des weitläufigen Gartens von Franz Erbler wird von einem großen Teich, Bogenbrücke inklusive, dominiert.

Im Garten einer „Kräuterhexe"

Die Neugier auf die Wirkweise von Pflanzen hat Miriam Wiegele zu einer gefragten Kräuterexpertin gemacht. Zudem weiß sie viele Geschichten zu erzählen.

Geschichtenträchtig ist in Miriam Wiegeles Garten – alles! Keine Pflanze, zu der sie nicht etwas zu erzählen weiß, keine Station ihres Lebens, die nicht mit Episoden und Anekdoten anschaulich wird. Miriam Wiegele wohnt im burgenländischen Weiden gleich neben der Kirche. Das Haus stammt von ihrer Oma, die wie sie eine „Krowotin" war, eine Burgenlandkroatin. Wie die Kroaten ins Burgenland kamen, erzählt Miriam Wiegele gerne. Aber es soll ja um Pflanzen gehen. Wir treten durch das Gartentor und gehen entlang der Hausfront nach vorn in den Garten. Große, üppig blühende Strauchrosen wachsen entlang der Wand. Und alle sind sie „geschichtenträchtig". Die großen Dramen der alten Monarchien blühen hier auf. „Souvenir de la Malmaison", „Chapeau de Napoléon" und „Cardinal de Richelieu" ebenso wie die „White Rose of York" und die Rose „York und Lancaster". „Die Red Rose of Lancaster musste in den Kräutergarten auswandern, weil sie dem Druck der beiden anderen nicht standgehalten hat", erzählt Frau Wiegele. Wen wundert es, waren York und Lancaster doch schwer verfeindete Adelsgeschlechter, die auf Mord und Brand um Englands Krone stritten. Miriam Wiegele, ganz leger in Leinen gewandet, geht voraus. Im Garten vor dem Haus hat die Ethnobotanikerin einen Teil ihrer Pflanzenschätze angesiedelt. Das sieht, wie oft bei Kräutergärten, auf den ersten Blick nach einem verwirrenden Durcheinander aus. Ästhetische Ansprüche verlieren sich allerdings schnell, wenn Miriam Wiegele

die Geschichten zu den Pflanzen erzählt. „Bei der Wegwarte erzähle ich von der Prinzessin, die immer nach Osten schaut, dorthin, wohin ihr Prinz geritten ist, den sie nun sehnsüchtig erwartet." Nun wäre es weit gefehlt, Miriam Wiegele für eine Märchenerzählerin zu halten. „Die Geschichten setze ich ein, damit sich die Menschen die Pflanzen merken." Tatsächlich hat sie den Anspruch, „dass alles, was ich sage und erzähle, auch wissenschaftlich fundiert ist". Miriam Wiegele, Jahrgang 1946, hat zwar als Politikwissenschafterin eine unvollendete Dissertation über die Roma in Österreich verfasst, beschäftigt sich wissenschaftlich aber schon lange mit Pharmakognosie. Das ist die Lehre von den Wirkstoffen der Pflanzen. „Eigentlich wollte ich Ärztin werden", erzählt Frau Wiegele. Doch mit dem gängigen Medizinbetrieb konnte sie sich nicht so recht anfreunden. Schließlich sagten sich auch bald die Söhne Heiner und Florian an, und Mutter Miriam belegte bei Professor Dorcsi in Wien einige Semester Homöopathie. „Weil ich meine Kinder selbst behandeln wollte." Schließlich verhinderten die Buben auch, dass Miriam Wiegele auf Studienreisen zu den Indianern Amerikas aufbrechen konnte. Das glich sie mit einem Studium der Ethnologie aus. Praktisch, wie manche Frauen sind, baute sie Pflanzen gleich im eigenen Garten an, um zu sehen, wie sie wachsen, um sie „begreifen" zu können und um die Wirkstoffe auszuprobieren. Ihr so angesammeltes Wissen ist enorm. Eine wöchentliche Radiosendung im ORF Burgenland, viele Artikel, Bücher und Vorträge geben ihr Gelegenheit, alle Erfahrung weiterzugeben.

„Der Kräutergarten ist in vier Quadrate geteilt. Ich habe ein weißes, ein rotes, ein gelbes und ein blaues Beet", erklärt die Gärtnerin. Kräuter und einheimische Heilpflanzen, Gemüse und Blumen versucht eine, die sich selbst als „Chaotin" bezeichnet, ordentlich zu präsentieren. Sie geht durch die Beete, zeigt hierhin und dorthin: „Das ist eine Schwalbenwurz, das ein gelber Enzian, dort ein Guter Heinrich, ein chinesischer Schnittlauch, eine Etagenzwiebel, dort sind Rote Melde und Baumspinat." Ich folge ihren Blicken, versuche zu erkennen und wahrzunehmen. Viele Kermesbeeren und Rizinuspflanzen gehören auch dazu. „Ich glaube, ein Garten muss auch Sinnlichkeit vermitteln", sagt Frau Wiegele. Dazu gehören Pflanzen, die mit ihrem Duft die Sinne umschmeicheln.

Wie Miriam Wiegele im Garten nicht geradlinig agiert, gerät auch ihr Erzählen schnell von einem Thema zum anderen. Ein Springbrunnen mit Goldfischen erinnert sie, dass sie gerade untersucht, ob Goldfische und Katzen „kompatibel" sind. Dasselbe Experiment läuft nun auch mit Zebrafinken, die im nahen Glashaus herumflattern. Bisher haben die rund 10 Katzen, die zum Wiegele-Haushalt gehören, ihre Jagdlust im Zaum gehalten.

„Ich habe chinesische, vietnamesische und japanische Petersilie", wechselt sie das Thema. „Ich koche gerne, und da will ich für jede Kulinarik die richtigen Kräuter haben."

Ihr eigentliches Thema ist allerdings die Heilkraft von Kräutern. Sie weiß, wofür der *Rhus toxicodendron* in ihrem Garten homöopathisch gut ist (Gelenksbeschwerden) oder der Ginseng (gegen Stress). Sie informiert allerdings nicht schwärmerisch, sondern recht differenziert, mutet Anwendern auch Einwände und chemische Erkenntnisse zu.

Wir wandern weiter durch den Garten. In alten Fässern hat sie wasserliebende Pflanzen angesetzt, natürlich auch die in der Absicht, ihre „Lebensweise" auf diese Art kennenzulernen. Es gibt ein Thymianbeet und ein Minzerad, ein Ackerunkrautbeet und Tabak „für den Herrn Wiegele". Auf der großen Streuobstwiese am Haus wachsen alte Obstsorten wie Brünnerling oder Schafnase heran, und die Hecken um das Grundstück sind mit duftenden Sträuchern durchwirkt.

Zwischen Haus und Obstgarten hat Miriam Wiegele ein großes Glashaus – oder sollte man besser sagen, ein Schatzhaus? „Dort habe ich an die 500 verschiedene Pelargonien, meine ganz besonderen Lieblinge", sagt sie. Wir treten ein. Es wurrlt geradezu von Töpfen, von Blättern in allen Grünschattierungen, von Blüten und Stängeln. Viele der Pflanzen sind asiatische Heilpflanzen. Was sie können, will Miriam Wiegele nämlich auch wissen. Genauso wie sie *Gotu kola* pflegt, das im indischen Ayurveda zur Gedächtnissstärkung eingesetzt wird,

Jams-Wurzeln, die in Yucatan zur Empfängnisverhütung verwendet werden, oder die Damiana, die „dem Mann das Hemd auszieht".

In jungen Jahren hat Miriam Wiegele den Roma-Kulturverein mitbegründet und die „Gesellschaft für bedrohte Völker" mit aufgebaut. Heute engagiert sie sich, dass die Ausbildung zum „Phytologen" in Österreich gesellschaftsfähig wird. Diese „Gesundheitsberater", die die vorbeugende Wirkung von Pflanzen kennen und anwenden können, sollen die Tätigkeit der Ärzte unterstützen.

Wer je daran denkt, diesen Beruf zu ergreifen, kann bei Miriam Wiegele einige tausend Heilpflanzen in Augenschein nehmen. Auch wenn nicht alles geordnet ist – eine Führung der Gärtnerin ist ohnehin mehr Vergnügen. Und endet meist in der „Uhudler-Laube" bei einem G'spritzten. Es gibt ja noch so viel zu erzählen!

Miriam Wiegele kultiviert in ihrem Garten tausende Heilpflanzen. So richtig ordentlich schaut es daher nur dicht am Haus aus.

Erfahren, was Pflanzen können

Die Schriftstellerin Barbara Frischmuth nimmt an den Geschöpfen ihres Gartens wahr, mit wieviel Eigensinn alles Lebendige ausgestattet ist.

Es gibt Gärten, die einem erst durch die Liebe der Gärtnerin zu ihren Pflanzen wirklich nahe kommen. Der Garten der Schriftstellerin Barbara Frischmuth gehört dazu. Sie hat ihre Hingabe an die Geschöpfe ihres Altausseer Reichs in zwei Gartenbüchern literarisch dokumentiert. Wenn man die Schriftstellerin hoch droben über dem Altausser See besucht, trifft man viele Bekannte wieder, deren Schicksal man im Gartenbuch mitfühlend erlesen hat.

Gleich an der Einfahrt wird man empfangen von der Krötenkönigin, einem großen Kalkstein, den Barbara Frischmuth in einem Wald gefunden und in ihren Garten gebracht hat. Auch der Stein „Suleiman, der Prächtige", den sie ebenfalls in der Einfahrt postiert hat, wurde in ihrem Gartenbuch porträtiert.

Barbara Frischmuth hat gerade eine Operation am Fuß überstanden, von einem Gang durch den Garten hält sie das nicht ab. Leider sei momentan krankenhausbedingt nicht alles so in Schuß, wie sie das gerne hat, sagt sie und geht voraus. Knapp 1000 Quadratmeter ist das Grundstück groß, in dessen Mitte das Haus in Altausseer Stil steht. Der Hang vor dem Haus ist einer Blumen- und Obstbaumwiese vorbehalten. Links und rechts des Hauses entwickelt die Gärtnerin ihre gestalterischen Ideen. „Die meisten entstehen nach und nach, beim Herumgehen." Wie auch beim Schreiben ihrer Bücher komme es auf das geduldige Warten an, bis eine Idee sich zeigt. Dann werden Informationen eingesammelt, Entwürfe gemacht, und schlussendlich wird mit der Ausfertigung begonnen.

Das Werden ihres Gartens – er ist 16 Jahre alt – hat Barbara Frischmuth einige Jahre lang in Gartentagebüchern penibel notiert. In regelmäßiger Handschrift ist jede rechte Seite des Notizheftes beschrieben. Links hat sie ein selbstgemachtes Pflanzenfoto eingeklebt und die abgebildete Pflanze mit dem genauen botanischen Namen bezeichnet. Im Text sind viele Pflanzennamen mit Wellenlinien hervorgehoben. Es sind die einzelnen Pflanzen, die die Gärtnerin interessieren. „Ich will wissen, was eine Pflanze kann", begründet sie.

Bei manchen hat sie über Jahre Gelegenheit, ihnen auf die Schliche zu kommen. Wir stehen eben an der Stirnseite des Hauses. An der Hauswand, vom Regen geschützt, sind noch einige graugrüne, eher unscheinbare lanzettförmige Blätter sichtbar. „Das ist die *Iris elegantissima*. Heuer hat sie am 5. Mai geblüht." Um diese Aufmerksamkeit der Gärtnerin zu verstehen, muss man wissen, dass die *Iris elegantissima* jene Pflanze ist, der Barbara Frischmuth über Jahre nachgejagt ist, schlicht, weil sie sich in die Beschreibung von deren Blüte verliebt hatte. „Sie ist ja eine kleine Pflanze, aber ihre Blüten sind riesig", erzählt sie. Nach vielen Versuchen, diese Iris im Ausseer Garten zu beheimaten, „kam mir die geniale Idee, sie vor dem Regen zu schützen". Seither blüht sie, und ihre Gärtnerin gesteht, sich dann vor der Blüte niederzuknien. Einfach, um die Blüte in allen Nuancen wahrzunehmen. Ob sich da die Naturforscherin bemerkbar macht, die sie als Kind eigentlich werden wollte?

In unmittelbarer Nähe der bewunderten Iris gedeihen Diptam und Acanthus. Beide Pflanzen haben fünf Jahre gebraucht, bis sie ihrer Gärtnerin durch Blüten signalisierten: Wir bleiben. Mit manchen Gewächsen klappt die Verständigung erst nach drastischen Trennungsversuchen: „Ich habe bei Pflanzen lange Geduld, aber der weißblühende Hartriegel, *Cornus cousa*, der immer gezickt hat und voller Läuse war, landete eines Tages vor dem Kompost. Seither blüht er und wird von Jahr zu Jahr schöner."

Interessieren die Schriftstellerin beim Schreiben

der Bücher die Beziehungen der Personen zueinander, will sie auch im Garten das Geflecht von gegenseitigem Brauchen, Mögen und Missbilligen verstehen. „Ich möchte wissen, welche Wesen Pflanzen sind, welche Sprache sie sprechen."
Im Erlernen fremder Sprachen hat Barbara Frischmuth Erfahrung. Vor vielen Jahren hat sie Türkisch und Ungarisch studiert. „Mir hat das System der Sprache gefallen, und ich wollte wissen, was die Grammatik kann."
Beim Gang durch den Garten der Dichterin fällt auf, dass es viele einzelne Pflanzgruppen gibt, manchmal eingefasst mit Steinen. Meist ist es ein Baum, der unter- und umpflanzt ist, zum Beispiel ein Amberbaum in Gesellschaft von Schwertlilien. Großzügig gestaltet wirken eine Terrasse, die mit einer üppigen Staudenrabatte umpflanzt ist, ein ganz neuer Sitzplatz mit Seeblick, der von einer Alpinumpflanzung umgeben ist, und ein kleiner Bachlauf, der in einen Teich am unteren Ende des Gartens mündet. Entlang des Wassers hat Barbara Frischmuth ihre „Irisspezialitäten" gepflanzt. Iris „Black Knight", *Iris gismo* und *Iris cretica*, *Iris orientalis gigantea* und viele andere. Sämtliche botanische Namen gehen der Gärtnerin fließend über die Lippen.
Wie ein Buch markante Figuren braucht, die der Leser sich merkt, bleiben auch in ihrem Garten ausgefallene Pflanzen im Gedächtnis haften, zum Beispiel die *Iris sambucina*, eine Holunderiris, oder die einzige grünblühende Rose, *Rosa viridiflora*.
Zu berichten ist auch von vergeblichem Liebeswerben. „Die Engelwurz hat trotz Schneckenkorn erst ein Mal bei mir geblüht", ist Barbara Frischmuth betrübt. Dickmaulrüssler, Schnecken, Ohrenschlüpfer und Junikäfer, Tiere, deren Existenz die Gärtnerin im Garten für verzichtbar hält, gibt es auch in Altaussee zur Genüge. Im Gemüsegarten an der Nordostseite des Hauses stören diese Mitesser besonders. „Ich würde einfach gerne Sachen essen, die noch keiner vor mir benagt hat", meint sie leicht resigniert. Knollenziest, Mangold, Zuckererbsen und Zucchini wachsen im weniger von Schnecken befressenen Hochbeet heran. Aber alles zu ebener Erde, wie die vielen prächtigen Funkien im nahen Schattenbeet, muss um sein Überleben bangen. Salate und Radieschen gedeihen in Altaussee in Kistchen auf der Veranda. Dort hat die Dichterin auch ihr „Aurikeltheater" aufgebaut, ein Etagengestell, das die empfindlichen Pflanzen optimal zur Geltung bringt. Die etwas wasserscheuen Primelgewächse – Regen verklebt den feinen Staub – imponieren im April und Mai mit Blüten in allen Farben von Gelb bis Schwarz. Mit den rund 30 Exemplaren ihrer Sammlung will es Barbara Frischmuth genug sein lassen. Nach den sanften Schönen will sie sich nun mehr mit Disteln beschäftigen. „Mich interessiert, was diese Pflanze kann."
Eben hat sie auch ein neues Buch herausgebracht: „Der Sommer, in dem Anna verschwunden war."
Sie wird mit dem Buch auf Lesereisen gehen, aber nur noch, um es zu interpretieren. „Wenn ein Buch fertig ist, dann ist es auch weg von mir."
Beim Nachdenken über ihren nächsten Text wird sie vermutlich wieder viel durch den Garten gehen. „Ich muss viel allein sein, und der Garten ist nicht aufdringlich. Ich habe den Kopf frei, während die Hände etwas anderes tun", sagt Barbara Frischmuth. Jeder Garten sucht sich seinen Gärtner, hat sie in ihrem Gartenbuch geschrieben. Viel Glück weiterhin miteinander!

Ein Garten mit Bergpanorama: Die Schriftstellerin Barbara Frischmuth lebt im steirischen Altaussee.

„Der grüne Daumen ist eine Verlängerung eines grünen Herzens."

Russel Page

VON HAUSGÄRTNERN
UND
VERBORGENEN WÜNSCHEN

Im Garten einer Künstlerin

Elke Huala formt Ton zu Keramikobjekten und bringt diese in einen Dialog mit ihrem Garten.

Das Gartentor lässt sich leicht öffnen und kann gar nicht versperrt werden. Eintritt in das Gartenreich einer Künstlerin. „Manche sagen, das ist kein Garten, das ist ein Zustand." Sie liegen damit richtig: die Keramikerin Elke Huala drückt ihrem Garten nicht ihren Stempel auf, sie lebt mit ihm.

Reden wir zuerst nicht von den vielen Keramikobjekten und Skulpturen der Künstlerin. Sie selbst geht am Anfang ihrer Gartenführung nahezu achtlos an ihnen vorüber. Sie erzählt von Bäumen und Sträuchern. Das Haus, ein früheres Gerichtsschreiberhaus, das zur Richtstätte der Deutschlandsberger Burg gehörte, ist seit dem 19. Jahrhundert im Stil einer Villa ausgebaut. Es kommt aus dem Besitz der Familie des Ehemanns der Künstlerin. Einige Bäume teilen ihr Lebensalter mit dem Haus. Zum Beispiel die große Linde im hinteren Teil des Gartens. Breit und ausladend nimmt sie den Platz in Anspruch, der ihr altersgemäß zusteht. Sie scheidet wie eine grüne Wand den Wohn- vom Obstgarten. In ihren Zweigen baumeln große Schalen, in denen Gestecke aus Elefantenfuß und Orchideen wie Traumfänger arrangiert sind. Dazu erzeugen feine Windspiele aus Glas zarte Töne. Ein Zwischenreich für Baumgeister und Gartenelfen?

Die Grenzen zwischen Lebendigem und vermeintlich Totem verschwinden im Garten von Elke Huala. Der Komposthaufen gleich hinter der Linde ist mit blauen Keramikfächern abgedeckt.

Elke Hualas roter Haarschopf ist ein guter Orientierungspunkt, um sie im dichten Bestand von alten Bäumen und Sträuchern nicht zu verlieren. Nicht die Prächtigen und Imposanten führt sie vor, sondern die Patienten, deren es im alten Pflanzenbestand des Gartens viele gibt. Zum Beispiel eine hundertjährige Azalee in der Nähe des Hauses. Sie wurde aus dem Schatten eines Baumes, der sie bedrängte, befreit und soll nun, gebettet in Rindenmulch und Humus, genesen. Früher, erinnert sich Elke Huala, stand an dieser Stelle ein Marillenbaum, dessen Zweige den davorstehenden Steintisch streiften. Bei einem Studienaufenthalt in Japan hat die Künstlerin erlebt, wie sorgsam dort lange, schwere Zweige mit Bambusstäben abgestützt werden. Achtsamkeit, dieses heute viel strapazierte Wort, füllt sich mit Leben, beobachtet man Elke Huala bei ihrem Umgang mit Pflanzen. Auch richtiger Gärtnerstolz ist im Garten von Elke Huala angebracht. Zum Beispiel über die mächtige Gunnera. Das frostempfindliche Mammutblatt hat große, tellerförmige Blätter und imposante zapfenförmige Samenstände. Es gedeiht in für österreichische Verhältnisse kaum vorstellbarer Größe im hinteren, feuchteren Teil des Gartens. Die Pflanze ist an tropische Wärme gewöhnt und macht dem Gärtner vor allem im Winter Sorgen. Elke Huala bringt sie bisher gut durch. Sie schneidet der Gunnera im Herbst einfach die Blätter ab und legt sie als Schutz über den Wurzelstock.

In jedem Garten gibt es Pflanzen, die wie selbstverständlich Heimatrecht beanspruchen. Im Garten von Elke Huala reckt sich überall der Bärenklau in die Höhe. Mit seinen zwei Meter hohen, hellgrünen Stängeln, bekrönt von einem tellerförmigen Samenstand, imponiert er. Besonders, wo er der pflanzliche Begleiter von Säulen aus Keramik ist. An verschiedenen Orten des Gartens hat die Künstlerin dunkle Wächter-Säulen postiert, aber auch ägyptisch inspirierte Säulen: „Weil ich noch nie in Ägypten war, aber so gerne einmal hin möchte." Die dreiteiligen runden Säulen erzählen Geschichten. Pflanzen, Frauenkörper, Köpfe sind in den Ton geritzt, gemalt und gebrannt. Manches Arrangement geht einem sehr nahe. Elke Huala führt zu einem alten Apfelbaum. Vor 20 Jahren hat ein Sturm seinen Stamm geknickt.

Der liegt nun fast parallel zum Boden. Doch durch die letzten durchgängigen Holzfasern bekommt der Baum genügend Saft, um weiter zu leben und jedes Jahr Früchte zu tragen. Wo der Stamm geknickt ist, hat Elke Huala eine Tonskulptur platziert – ein Paar, zusammengewachsen, mit aufgeschlitztem Bauch, in dem kleine Kinderköpfe zu sehen sind. „Das sind die Kinder, die nicht heraus wollen. Das kommt ja manchmal vor", bemerkt die Künstlerin lapidar.

Gleich daneben steht eine Skulptur, die eine Mutter mit Kind auf dem Arm zeigt. Die Mutter hat um die Stirn eine Binde, aus der Dornen ragen. „Manchmal ist man ja als Mutter blind seinen eigenen Kindern gegenüber." Ihre eigenen Kinder, Silke und Thomas, sind längst erwachsen und aus dem Haus. Ein großer Blumen-Gemüse-Garten drängt sich an der Stirnseite des Hauses wie ein buntes Gemisch von Farben und Formen an die Lebenswelt der Menschen heran. Die typischen steirischen Käferbohnen ranken an hohen Stecken. Sie landen wie die verschiedenen Kürbisarten im Kochtopf des Hausherrn. Friedl Huala, Glasgestalter, Ehe- und Hausmann, erzählt von einer 55 Kilo schweren Kürbisfrucht, die einen ganzen Winter lang die Familie ernährte. Dazwischen und immer wieder „deformierte Erde", wie Elke Huala ihre Keramikobjekte nennt. Runde Frauenleiber mit noch runderen Pobacken schweben von Ästen, kuriose Tiere und Heiße-Sommerliebe-Paare tummeln sich in der Wiese, aus hohen Säulen wachsen Tierköpfe, und wie von ungefähr liegen Keramikkugeln unter den Sträuchern.

Die offene Hütte mit den Brennöfen und das Atelier von Elke Huala fügen sich wie das Wohnhaus in das Geflecht von Pflanzen, Menschen und Tieren und sind selbst so etwas wie Gewächshäuser. Ein Erdkreislauf, in dem die Menschen nur deswegen besonders auffallen, weil sie sprechen können.

Keramikskulpturen, Wohnhaus und Pflanzen verbinden sich bei Elke Huala zu einem harmonischen Ensemble.

Geschichten zu einem Garten

Astrid Tegetthoff bewohnt mit ihrem Mann, dem Geschichtenerzähler Folke Tegetthoff, und vier Kindern ein ehemaliges Kloster. Zum „Seelenraum" ist allerdings der Garten geworden.

„Der Garten ist für mich Leben." Astrid Tegetthoff beginnt die Führung durch ihren Garten mit einer klaren Feststellung. Dass zu diesem Leben nicht nur Pflanzen und Menschen gehören, war schon am Eingang deutlich zu hören. Zwei Hunde kläfften durch das große grüne Tor und erwiesen sich dann als ganz umgängliche Familienmitglieder. Der weiße Petit Basset, den Astrid Tegetthoff einst gegen eine weiße Ziege eingetauscht hat, hört auf den Namen Giorgio. Er hat durch seine Jagdleidenschaft den Haustierbestand ziemlich reduziert. Ein paar Hühner scharren noch rund um eine Gartenhütte, Gänse und Enten sind Vergangenheit. Doch das ist eine andere Geschichte. Vielleicht hat sie Astrids Ehemann ja schon kunstvoll erzählt. Folke Tegetthoff hat sich als Märchenerzähler international einen Namen gemacht. Der Nachfahre des k.u.k. Flottenadmirals Tegetthoff hat sich mit Frau und vier Kindern in einem ehemaligen Kloster in St. Georgen an der Stiefing, südlich von Graz, niedergelassen. Sein Festival „Graz erzählt", das in fünf Städten in drei Ländern ausgetragen wird, hat dort seine Organisationszentrale. Astrid Tegetthoff fällt dabei die Rolle der Geschäftsführerin zu. Aber auch das ist eine andere Geschichte. Heute geht es um den Garten.

Wir beginnen den Rundgang beim Gemüsegarten. Um zu ihm zu gelangen, passiert man die lange Arkade des gelb gefärbelten Hauses und tritt an die Südseite des Anwesens. Unwillkürlich hat man den Eindruck, an der Kante einer Böschung zu stehen. Wo der Schwimmteich endet, hebt sich die Spitze des St. Georgener Kirchturms aus der Niederung empor, weit geht der Blick über die Ebene, bis er an der Silhouette der Berge des Sausals und der slowenischen Hügelkette hängen bleibt. „Wenn in der Ebene im November der Nebel liegt, habe ich endlich wieder mein Meer", sagt Astrid Tegetthoff. Sie ist in Holland geboren, lebt seit dreißig Jahren in Österreich, doch die Sehnsucht nach der Weite des offenen Meeres ist geblieben. Wir wenden den Schritt nach links und stehen im Gemüsegarten. Er bringt von Fenchel bis Kürbis, von Kräutern bis zu schönen Gartenblumen alles hervor, was die Familie braucht. „Wir nützen alles, was im Garten wächst", sagt die Gärtnerin. Besonders liebt sie es, Blumen aus dem Garten in hübschen Arrangements im Haus zu verteilen. „Wenn man bloß die pelzigen Blätter des grauen Wollziest in drei Gläsern verteilt und auf den Tisch stellt, sieht das schon ganz schön aus."

Das Grundprinzip ihres Gemüsegartens sei die „natürliche Unordnung", meint Astrid Tegetthoff etwas selbstironisch. Tatsächlich gestaltet sie Wege, pflanzt selbstgezogenen Buchs in Rabatten und kennt vor allem jede der vielen englischen Rosen beim Namen. Rosen wie die „Countryman" oder die „Ferdinand Picard" dürfte sie oft im Munde führen, denn sogar ihre Kinder erkundigen sich nach deren Befinden mit einem saloppen: „Wie geht es dem Ferdinand?"

„Bei mir gibt es sehr unterschiedliche Gartenzeiten. Im Frühling arbeite ich viel, und im Sommer will ich genießen. Da mache ich nur mehr meine täglichen Rundgänge und gieße, wo es notwendig ist", erzählt die Gärtnerin. Bei aller Gestaltungsfreude sei es „herrlich, wenn eine Pflanze ihren Platz ohne mich findet". Das heißt, wer sich selbst ansiedelt, hat im Tegetthoffschen Garten gute Chancen, am gewählten Standort bleiben zu dürfen und auch nicht weiter behelligt zu werden: „Es fällt mir fürchterlich schwer, Pflanzen zu beschneiden."

Wir queren den Hang hinunter zum „Tiefparterre" des Gartens. Am Hang und in der Ebene hat Familie Tegetthoff viele Obstbäume gesetzt, Zwetschken, Kriecherl und Birnenquitten. Sie spenden außerdem Schatten und laden zum Schaukeln in der Hängematte, die zwischen zwei Stämmen baumelt. Besonders stolz ist Astrid Tegetthoff auf einen Gang, der im unteren Garten von einem Spalier aus Rosen und Clematis gebildet wird. Wicken, Salbei und Pfingstrosen unterstützen die blühende Vielfalt. In der Mitte des zweiteiligen Ganges passieren wir einen alten umgedrehten Oliventopf. „Da habe ich den Kindern immer eingeschärft, sie dürften beim Cricketspiel im Garten diesen Topf nicht beschädigen, und dann stoße ich ihn selbst beim Rasenmähen an und er geht kaputt!" Astrid Tegetthoff zieht aus dem Garten viele Lehren. „Der Garten ist mein Psychologe." Er bringe ihr Ruhe, Gleichgewicht, innere Harmonie und Heilung. „Bei einem Rundgang durch den Garten erlebt man, dass man alles immer wieder von einer anderen Seite betrachten kann. So bekommt man Abstand und einen anderen Blickwinkel." Der Kontakt mit der Erde, sagt sie, bringe sie zu sich selbst zurück. Astrid Tegetthoff geht hinüber zu der Rabatte am Rand des Gartens. Dort blühen vor allem Hortensien und Dahlien. „Das sind die Blumen meiner Kindheit. Im Garten meiner Großeltern waren die Dahlien so groß, dass wir uns als Kinder darin verstecken konnten." Obwohl es für Hortensien in der windgeschützten sonnigen Mulde ihres St. Georgener Gartens fast etwas zu heiß sei, ziehe sie immer wieder neue Stecklinge. Die Schneeballhortensie

„Annabelle" und prächtige Exemplare einer gefüllten Eichblatthortensie wirken, als ob sie schon der Gärtnerin zuliebe alle möglichen Überlebensstrategien ausschöpften.

Über eine breite Steintreppe steigen wir zum Haus hinauf. Links und rechts des Aufganges imponieren Frauenmantel und große Buchsbäume. Jüngst wurden sie von Sohn Floris etwas eigenwillig zurückgeschnitten, aber auch das darf in einem Familiengarten sein. „Am Anfang hatte ich mich geschreckt, aber jetzt wachsen die Sträucher schöner als je zuvor", zeigt sich Mutter Tegetthoff versöhnlich. Vielleicht tragen auch die alte Klosterkapelle im Haus und der Heilige Josef zum friedfertigen Klima bei. Er steht noch aus Klosterzeiten vor der Eingangstür auf einem Sockel. Zwei Rosen hat ihm Astrid Tegetthoff zur Begleitung gepflanzt. Sie blühen in sattem Rosa bis in den November. Die meisten anderen Duftrosen im Garten machen dann schon Pause. Auch die große Glyzinie und der Feigenbaum am Holzschuppen haben dann längst auf Winterruhe geschaltet. „Wir haben ein Paradies hier", sagt Astrid Tegetthoff über ihren Garten. Das Schönste sei der Wechsel der Jahreszeiten, die Vorfreude, wenn nach dem Winter die ersten Zwiebelpflanzen ihre gelben Spitzen aus der Erde schieben. „Der Garten hört nie auf", meint sie beim Abschied. Das ist nun keine andere Geschichte, sondern die entscheidende.

Für Astrid Tegetthoff ist der Garten zu einer „Schule des Lebens" geworden.

Ein Haus am Hofteich

Familie Pree hat zuerst den Garten und dann das Wohnhaus geplant. Entstanden ist eine originelle, moderne Wohnoase.

„Sie sehen dann eh gleich das moderne Haus", so hatte Burgi Pree den Weg zu ihrem Haus beschrieben. Tatsächlich – in der Silhouette der Ortsrand-Siedlung fällt das graue, gerade Haus mit aufragendem Pultdach sofort auf. Viel graublaues Glas bestimmt die Fassade, in der sich die Umgebung spiegelt. In das Haus selbst sieht man nicht hinein. Auch nicht in den Garten. Lediglich viele Flusssteine entlang der Hausmauer, Rankgerüste vor der Haustür und einige Kübel- und Staudenpflanzen zeugen von gärtnerischem Gestaltungswillen. Schlüpft man jedoch durch einen schmalen Gang zwischen Haus und Garage, steht man mitten im Hofgarten. Eine Überraschung.

„Ursprünglich", erzählen Burgi und Walter Pree, „wollten wir nichts weiter als einen Schrebergarten." Doch dann gab es dieses rund 800 Quadratmeter große Siedlungsgrundstück zu kaufen. Langsam reifte der Plan, hier ein Haus zu bauen – und einen Garten anzulegen. Oder umgekehrt? Denn die Prees machten sich zuerst Gedanken, welche Art von Garten sie möchten, und planten dann das Haus dazu. Wem der Garten so wichtig ist, der wird triftige Gründe haben.

Burgi Pree ist Floristin. Sie will und braucht einen Garten, der ihr Material für Blumensträuße, Arrangements und Trockengestecke liefert. Damit war eine wichtige Anforderung an den künftigen Garten festgelegt. Die zweite entwickelte sich mit der Analyse der Wohnbedürfnisse der dreiköpfigen Familie. Man wollte einen geschlossenen, von außen nicht einsehbaren Lebensraum. So entstand die Idee, einen Hof zu schaffen.

Das Haus steht lang und schmal an der Grundstücksgrenze zur Straße hin. Nach innen, südseitig gelegen, erstreckt sich eine großzügige Terrasse. Holzbohlen auf grobem Schotter vermitteln das Gefühl, am Ufer eines Sees zu sitzen. Ein naheliegender Eindruck, denn das Herzstück des Hofes ist ein großer Teich, der sich über die gesamte Breite des Hauses dehnt. Links flankiert ein ebenerdiges Gebäude, das Werkstatt und Büro des Paares beherbergt, den Hof. An der Grundstücksgrenze gegenüber ist eine gut ein Meter hohe Mauer aus großen Granitsteinen aufgeschichtet, oben begrenzt von einem efeuüberwachsenen Zaun. Zwischen den Steinen siedeln viele Pflanzen, die vor allem im Frühling einen intensiven Blütenteppich bilden und vom Küchenfenster aus einen ersten Eindruck vom neuen Gartenjahr liefern. Dieser „Steingarten" ist als Alternative zu einer vom angrenzenden Nachbarn schon geplanten hohen Betonmauer entstanden. „Das wäre ja furchtbar gewesen, wenn ich mein ganzes Leben auf eine solche Mauer hätte schauen müssen", meint Frau Pree.

Sie hat ein ausgeprägtes Gespür für ihren Garten, und sie weiß, was sie will. Die Hofvariante stieß bei den Nachbarn anfänglich auf viel Skepsis. „Da kapselt ihr euch ja ganz von uns ab", meinten die. „Das wollen wir ja auch", erwiderte Familie Pree selbstbewusst. Heute wird die Familie um ihr Refugium beneidet.

Um den großen Schwimmteich auszuheben, rückten die Bagger schon vor dem Hausbau an. Der Teich schwingt von einer Ecke des Gartens hin zur anderen. Der Bewuchs mit Schilf und anderen Wasserpflanzen ist sparsam. Der Blick über den Teich soll frei bleiben. Vor der Steinwand hat Walter Pree Holzpfähle eingeschlagen. Burgi Pree spannt zwischen den Pfählen Metallseile und lässt Clematis und andere Schlingpflanzen daran empor ranken. An der Westseite des Teiches, wo das Schilf etwas dichter wird, ist ein leicht verborgener Sitzplatz, der von der ganzen Familie als schattiger und meditativer Ort geschätzt wird.

Der Garten der Familie Pree entwickelt sich organisch. Es wird beraten, was allen Familienmitgliedern gefällt und wie man im Garten leben möchte. Langsam wächst das Interesse am Garten auch bei Walter Pree, einem gelernten Maschinenschlosser. Viele Granitsteine hat er mit seiner Frau im Steinbruch ausgesucht und im Garten gesetzt. „Das ist eine Frage des Gespürs. Man merkt dann einfach, welcher Stein wohin gehört", erzählt er.

Der Garten der Familie Pree beschränkt sich nicht auf den Hof. Verborgen hinter einer Weinlaube lädt eine schattige Terrasse des ursprünglichen Gartenhäuschens zu einer Rast an heißen Tagen. Daneben und dahinter hat Burgi Pree ihren Gemüse- und Beerengarten angelegt. Die Beete sind mit Lärchenbrettern gefasst, die Ribisel auf Hochstamm gezogen.

Gleich anschließend geht der Garten in einen hübschen Staudengarten über. Die niedrige Hecke gewährt auch Nachbarn und Spaziergängern einen Blick in den Garten. Holzpergolen, überwachsen mit Schlinggewächsen, grenzen diesen offenen Teil nochmals vom Hofgarten ab. Eine hübsche Holzschwingtür verführt zum Eintreten in den abgeschlossenen Hofgarten.

„Burgi, machst du wieder eine Gartenführung?", fragt eine Nachbarin über den Zaun. Der Garten der Familie Pree weckt die Neugier der Passanten und schützt sie doch bestens gerade davor.

Das moderne Niedrigenergiehaus von Familie Pree ist kombiniert mit einem Wohnhof. Dessen Zentrum bildet ein großer Teich.

Der verborgene Stiftsgarten

Im ehemaligen Konventgarten des oberösterreichischen Stiftes St. Florian hat der junge Priester Mag. Gernot Grammer seinen privaten Garten angelegt – einen sehr persönlichen Rückzugsraum.

Das barocke Stift St. Florian bei Linz beeindruckt. Mit einer herrlichen Stiftskirche, der wunderbaren Bruckner-Orgel, imposanten Stiegenaufgängen und einem prächtigen Marmorsaal. Aber es birgt auch Kleinode, die dem ersten Blick verwehrt bleiben. Zum Beispiel den Garten des Augustiner Chorherrn Mag. Gernot Grammer. Der 31-jährige Gast- und Küchenmeister des Stiftes geht lange hallende Gänge entlang, ehe er durch eine hohe Tür hinaus in den Konventgarten tritt. Im Schatten der mächtigen Mauern des Stiftes fällt zuerst ein Küchengarten ins Auge. „Den habe ich zusammen mit dem Küchenchef neu angelegt", erzählt der Ordensmann. Kräuter und Gemüse aus eigenem Anbau sollen den Speisezettel von Chorherren und Sängerknaben verfeinern.

Am Küchengarten vorbei führt der Weg durch eine Obst-Streuwiese, wie sie für das hiesige Alpenvorland typisch ist. Dann steht man fast unvermittelt im hintersten Teil des Konventgartens vor einem in Terrassen angelegten Garten. „Das war früher der Seniorgarten, der den pensionierten Mitbrüdern gehörte." Doch deren Interesse war längst erloschen, der in drei Ebenen angelegte und 500 Quadratmeter große Garten ganz verkommen. „Teile des Hanges waren abgerutscht, die Stiegenaufgänge ganz kaputt."

Vor 14 Jahren war Gernot Grammer als Novize in das Stift eingetreten. „Ich habe bald begonnen, den Garten Stück um Stück zu erneuern." Kann es sein, dass er sich mit dem Garten auch ein Stück Heimat schaffen wollte? Gernot Grammer überlegt. „Ja, die Gartenteile erinnern mich an die Länder, die ich als Kind mit meiner Mutter am häufigsten bereist habe."

Das ebene Parterre seines Gartens erinnere ihn an Südfrankreich. Er hat das lange, rechteckige Stück, das unmittelbar an die Wiese angrenzt, mit einer Hecke aus Feldahorn umzogen. Eine eher außergewöhnliche Heckenpflanze, die dem Theologen wegen ihrer hübschen Herbstfärbung besonders gefällt. Eine lange Rabatte mit Lavendel der Sorte „Munstead" ist durchsetzt mit einigen Hochstammrosen der weißblühenden Sorte „Schneewittchen". Und an gusseisernen Obelisken ranken sich Waldreben.

Den Eingang zum Garten markieren zwei Steinzapfen, die auf gut ein Meter hohen Sockeln postiert sind. Auf gekiesten Wegen nähert man sich der Steintreppe, die auf die erste Terrasse hinaufführt. „Vielleicht erinnert mich dieser Gartenteil besonders an Italien?", überlegt Gernot Grammer. Es könnten auch Slowenien und Kroatien sein, wo seine Familie bis zum Ende des 2. Weltkriegs lebte. In der Bucht von Lovran fühlt Gernot Grammer sich bei den jährlichen Urlauben noch immer „zuhause".

Die Gestaltung seines Gartens finanziert der Stiftsherr aus eigener Tasche. Gelegentliche Geschenke von Freunden, Verwandten und Mitbrüdern erleichtern die Ausgestaltung. So hat eine Wahltante eine schöne granitene Sitzbank beigesteuert. Ein befreundeter Steinfabrikant spendierte zur Primiz mehrere hohe Steinsäulen, und ein väterlicher Freund aus England kam für einen gusseisernen Rosenbogen auf. Mit seiner spitz nach oben zulaufenden Form erinnert er an indische Einflüsse. Das Zusammenfließen verschiedener Kulturen und Zeiten fasziniert Gernot Grammer.

Betritt man die obere Terrasse, öffnet sich zuerst ein kleiner gepflasterter Platz mit einer großzügigen weißen Sitzgarnitur aus Holz. Doch auch der Blick nach rechts lohnt sich. Da reihen sich zwei Gartenräume und am Ende des Gartens eine großzügige Loggia aneinander. Im ersten Gartenraum waren Italien und die italienische Renaissance gärtnerisches Leitbild. Der nahezu quadratische Raum ist in vier Segmente unterteilt, die mit einer niedrigen Lonicera-Hecke eingefasst und über Kieswege verbunden sind. In der Mitte jedes Segmentes wächst in einem Rondeau je eine Rose. Die Enden der Querachse des italienischen Gartens sind durch Steinskulpturen betont. An der Außenkante steht auf einem Sockel ein Steinpokal, der von Gernot Grammer mit einer Palme bepflanzt wurde. An der rückwärtigen Wand, die die zweite Gartenterrasse abstützt, speit ein steinernes Löwengesicht Wasser in einen Grander. „Das ist ein Fundstück aus dem alten Schuppen, der früher hier gestanden ist", erklärt Gernot Grammer. Fundstücke gibt es vielleicht auch noch auf der zweiten Gartenterrasse. Von dieser lugen rote Rosen in das italienische Idyll herunter, im Spätfrühling beugen Pfingstrosen ihre schweren Blütenköpfe über die Mauer. Dieses Bauerngarten genannte Stück Grün ist dem Gartengestalter Grammer am wenigsten nahe und wartet daher noch auf seine endgültige Gestalt.

Im mittleren Teil des Gartens gibt es indes noch genügend zu schauen. Durch den Rosenbogen betritt man den zweiten Gartenraum, der ein kleiner englischer Garten ist. Der Kiesweg teilt sich nach rechts und links und umschließt ein rechteckiges Rasenbeet, das mit Buchsbaum eingefasst ist. Die Rabatte an den Längsseiten sind ausgiebig mit Rosen und Lavendel bepflanzt.

Schließlich erreicht der Besucher die italienisch anmutende Loggia an der Stirnseite des Gartens. Gernot Grammer hat sie nach eigenen Ideen und Erinnerungen gebaut. Mächtige Granitsäulen halten das flache Dach des hohen, schmalen Raumes und geben den Blick in das Innere frei. An den Wänden leuchten Malereien, und ein großes Medaillon mit einem Relief aus weißem Marmor zieht die Aufmerksamkeit auf sich. Feine gelbockerfarbene Vorhänge vollenden den mediterranen Eindruck, erinnern an kühlende Luft an heißen Tagen. In Tontöpfen hat Gernot Grammer Geranien in kräftigen Rottönen auf den Gesimsen der Loggia postiert. Die Gartenmöbel sind grünlackierte gusseiserne Stücke englischer Provenienz. Dort lässt sich der Gärtner gerne nieder und raucht eine türkische Wasserpfeife. Durch die feinen Rauchwölkchen wird er dann die Türme der Stiftskirche sehen, seinen Garten überblicken und sich vielleicht manchmal auch wegträumen.

„Das ist ein Therapiegarten für mich", sagt Gernot Grammer. „Wenn ich den ganzen Tag mit Papier zu tun habe, genieße ich es, mit den Händen in der Erde zu arbeiten. Außerdem ist der Garten für mich eine Meditation, ein Gebet. Ich erlebe das Werden und Vergehen, das Leben."

An dieser Stelle möchte man sich ganz leise erheben und durch die großen Türen des Stiftes wieder hinausschlüpfen aus dem intimen Reich des Gernot Grammer. „Ja, der Garten ist etwas sehr Intimes", scheint er die Gedanken zu erraten. „Er ist wie ich. Möglichst korrekt, aber mit einem Augenzwinkern. So wie das Parterre des italienischen Gartens, das ganz formal gestaltet ist, aber nach einer Seite etwas absinkt. Das soll so bleiben." Disziplin und Humor – eine Kombination, die Ordensleuten und Gärten gut steht.

Der Garten von Gernot Grammer ist auf drei Ebenen angelegt. Die zweite Ebene erinnert in ihrer formalen Gestaltung an Gärten der italienischen Renaissance.

Ein ganz persönliches Universum

Den Traum vom Leben am Land lebt die Städterin Wera Köhler im südlichsten Zipfel des Burgenlandes aus. Zum Traum gehört ein Garten, der viel mit einem privaten Paradies gemein hat.

Wera Köhler erzählt gerne Geschichten. Zum Beispiel die von der unglücklichen Liebe, die ein junger Mann mit einer Rose erlebt. Zum Vortrag der Geschichte malt sie sich einen Daumen grün an. Das darf man durchaus symbolisch sehen, denn ein „grüner Daumen" ist vermutlich der Grund dafür, dass die Liebe zu ihrem Garten bisher glücklich verlaufen ist. Vor allem ihre Liebe zu den Rosen. Mehr als 120 verschiedene Rosenstöcke bevölkern ihren Garten in Krobotek im südlichen Burgenland. Über viele der Rosen weiß Wera Köhler Geschichten zu erzählen. Über die „Comte de Chambord", deren Blätter sich zu herrlichem Rosengelee verarbeiten lassen, und die „Isphahan", die eine gute Basis für Rosenöl ist. Oder über die „Charles Lawson", deren Blütenfarbe sie als „pudriges Rosa" beschreibt.

Da gibt es natürlich erste Lieben wie die zur „Queen Elizabeth", deren drei Stöcke die Rosenbegeisterung von Wera Köhler entzündeten. Tragisch gefärbt ist die Erzählung zur „Omar Khayyam", einer Damaszener-Rose, die auf dem Grab eines persischen Dichters gleichen Namens erstmals gefunden wurde. Mit einem Rekord kann die weiße „Quatre saisons blanc mousseux" aufwarten, denn sie gibt es schon seit 50 vor Christus. Während die rosafarbene „Constance Spry" erst 1961 geboren wurde, aber als erste des englischen Rosenzüchters David Austin. Manche Rosendamen begnügen sich nicht mit einfachen Farben, sondern lieben es gestreift wie „Honorine de Brabant" in Rosarot. „Va-riegata di Bologna" prunkt mit dunkelroten Streifen, und die „Alchemyst" wandelt sich von einem bräunlichen zu einem strahlenden Gelb und Rosa. Vergänglich, erzählt Wera Köhler, ist die Schönheit der „Heritage", deren Blütenpracht jeweils nur zwei Tage währt. Dagegen sei „Madame Alfred Carriere" die einzige winterfeste Noisette-Rose in ihrem Garten.

Wer jetzt schon verwirrt ist ob der vielen Namen und Eigenarten, setzt sich am besten in den Schatten der beiden großen Holunderbäume am Fuße des Rosengartens. Wera Köhler hat auch noch andere Geschichten auf Lager. Zum Beispiel jene, wie ihre fünfköpfige Grazer Familie das Eigenheim in Krobotek gefunden hat. „Wir hatten nicht viel Geld und bei der Suche nach einem eigenen Haus waren wir mittlerweile schon im Südburgenland gelandet. Auf einem Höhenrücken hat mein Mann angehalten, und ich habe einfach die Leute, die dort vor einem Haus saßen, gefragt, wo denn da das Haus sei, das verkauft werde. Sie haben mit der Hand auf die andere Straßenseite gezeigt: dort drüben sei es." Fügung oder Zufall? Nach einem Todesfall war das Häuschen inklusive eineinhalb Joch Grund gerade zu haben. Familie Köhler kaufte. „Kennen Sie den Film ‚Hinterholz 8'?", fragt Wera Köhler. „Genauso war es da. Aber wir haben uns gedacht, ah, das schaffen wir schon." Heute, 20 Jahre später, ist das Haus noch immer nicht ganz fertig, aber als Wochenendwohnsitz taugt es. Vor allem aber hat Wera Köhler hier ihren Garten gefunden. Da tankt die 60-Jährige Kraft und hält, wie sie sagt, „Gottesdienst". Zum Beispiel, wenn sie im späten Sommer mit beiden Händen durch die Samenstände der reifen Pflanzen fährt und Samenkörner überall im Garten verstreut. „Ich sehe es halt am liebsten wachsen." Zwar versuche sie das „Chaos einzudämmen", aber es sei ihr fast unmöglich, Pflanzen zu schneiden oder auszureißen.

Dennoch hat ihr Garten Struktur. Vom kleinen Hof des Hauses steigt der Grund an und bildet dabei eine sonnige, windgeschützte Mulde. Begonnen hat die Gartenbepflanzung mit dreieckigen Beeten, die mit billig erstandenen Eisenbahnschwellen eingefasst wurden. In der zweiten Etappe der Gestaltung wurden die Blumenbeete bereits größer und mit Steinen eingefasst. Dann hob die Gärtnerin eines Tages einen Teich aus, um Wasser am Haus zu haben. Es folgten der Steingarten am Hang und die gemauerten Hochbeete, die für den Gemüseanbau reserviert sind. Immer mutiger geworden, versuchte sich die Gärtnerin am Rosengarten, es folgte ein weißer Garten mit „Schneewolke", „Schneewittchen" und „Schneekönigin", und nun soll noch ein Sand- und Wüstengarten dazu kommen.

Wera Köhler schätzt den persönlichen Bezug zu dem, was in ihrem Garten wächst und Heimstatt hat. So sind alle Steine im Steingarten von Besuchen, Reisen und Wanderungen mitgebracht oder von Gästen gesammelt worden.

Dass dem Rosengarten eine besondere Liebe zukommt, ist unübersehbar. Wege mit runden Robinienholzscheiben führen den Besucher. Jede Rose ist beschriftet, auf umgedrehten kleinen Tontöpfen sind die Namen notiert. Die *Rosa rugosa* „Henry Hudson" blüht weißrosa mit feinem Duft, „Madame Pierre Oger" ist eine hübsche Porzellanrose, Moosrosen wirken wie mit grünem Moosflor bewachsen und Ramblerrosen wie „Felicité et Pérpetué" versprechen dauerhaftes Rosenglück in weißen, bonbonförmigen Blüten.

Viele Rosen kombiniert Wera Köhler mit Clematis, die in ähnlichen Farbtönen sich in den Rosen ranken. Rittersporn, Mutterkraut, Akelei und Jakobsleiter bilden auch in Wera Köhlers Garten den Hofstaat der stachelbewehrten Königinnen des Blumenreichs.

Am Hang vor dem Haus, der Straße zugewandt, zeigt Wera Köhler noch „Assemblage de Beauté", eine Rose aus dem Barock, die sich durch Ausläufer vermehrt. Sie war schon da, als die Grazer Familie hier einzog.

Ganz in der Nähe halten sich auch die „Wachhunde" des Anwesens, wie Wera Köhler sie bezeichnet, auf: Enten und zwei Gänse, die wie eine Security-Staffel das Anwesen bewachen. Sie zwicken jeden, der unbefugt den Hof betritt. Aber sie sind auch die Schneckenpolizei des Gartens. Jeden Frühling bedienen sie sich bei den schleimigen Jungtieren ausgiebig, zur Zufriedenheit der Gärtnerin.

Die Freude am Garten verbindet Wera Köhler mit vielen Pflanzenfreundinnen. Man besucht einander, tauscht Pflanzen und Samen und freut sich über den grünen Daumen der anderen. Am Ausgang ihres Gartens hat Frau Köhler noch einen Geschenkgarten angelegt. In kleinen Töpfen am Fuße eines breit ausladenden, schattenspendenden Winterschneeballs wachsen Ableger heran, die an Besucher des Gartens verschenkt werden. Das Glück der Gärtnerin vollendet sich im Gegenüber.

Die alten Bäume hatten lang vor Wera Köhler Heimatrecht im Garten. Mit ihr werden nun auch viele Rosen an das Landleben gewöhnt.

Die Galeristin und ihr Garten

Im Hinterhof eines Wiener Gründerzeithauses hat Ruth Maier ihren Naturgarten. Zu dem gehört auch eine Galerie für moderne Kunst – oder ist es umgekehrt?

„Vielleicht habe ich den Garten, um den Kontakt zur Erde nicht missen zu müssen." Ruth Maier kann nicht so genau sagen, warum sie mitten im stark verbauten 7. Wiener Gemeindebezirk nun einen Garten hat. Außer: „Ich wollte schon als kleines Mädchen immer einen haben." Die Familie ist jüdischer Herkunft und den Verfolgungen der Nationalsozialisten nur mit Mühe entkommen. Ruths Schwester lebt heute in Tel Aviv. Nach einem langen Hin und Her zwischen Österreich und Israel hat Ruth ihre Zelte in der Siebensterngasse aufgeschlagen. Von außen wirkt das mehrstöckige Haus wie eines der ungezählten anderen Gründerzeithäuser in Wien. An der schon etwas lädierten Fassade findet sich ein unscheinbares Schild „Galerie Ruth Maier". Man quert einen Innenhof, geht links hinunter in die Galerie oder einige Stufen hinauf in die Wohnung von Ruth Maier. An den Wänden der hohen Altbauräume hängen zeitgenössische Malereien, und auf einer modernen Couch sitzt gerade Enkel Noah und sieht den Abenteuern des Fisches Nemo im Fernsehen zu. Ruth Maier geht voran und tritt durch die Balkontür auf eine große Holzterrasse. Der Blick schweift herum. Alles Grün. Hohe Bäume, Sträucher, eine Wiese, ein großer Teich, die Terrasse wie ein großer Aussichtsplatz in schrägem Winkel über das Wasser hinaus gebaut. Ruth Maier steigt die Holztreppe von der Veranda in den Garten hinab. „Ich hab es am liebsten so, wie es von selbst wächst", sagt die Galeristin. Auf Kellerhöhe grünt es auf 500 Quadratmetern recht ansehnlich. Rechts entlang der Mauer zum Nachbarhaus breitet sich ein wahrer Beerenhain aus. Himbeeren, Brombeeren und Ribisel verlocken zum Naschen im Vorübergehen. Der Weg führt rund um den Teich, da ist nichts geschottert und gepflastert, sondern bloße Wiese, mitten im Hinterhof. Sträucher und Rhododendren grenzen den Weg vom hinteren Gartenteil ab. Auch dort im wesentlichen Wiese, ein Spielplatz für Enkel Noah, einige Blumen und Stauden. Dazwischen breitet ein großer Marillenbaum seine Äste aus. Er trägt Jahr für Jahr reichlich Früchte, die Ruth Maier für ihre Lieben zu Chutneys und Marmeladen verkocht. „Selber ess' ich selten was von den Früchten, ich sammle sie lieber für die anderen", wirft sie nebenbei ein. Unmittelbar neben den Marillen reifen gerade die Maulbeeren, schwarz wie Brombeeren, am Baum.

Das Blätterwerk der Bäume verstellt die Sicht auf den Nachbargarten links. Der sei ganz anders als ihrer, plaudert die Galeristin. Fein geschniegelt und durchgestylt. Bei ihr ist das ganz offensichtlich anders. Das hat keine Hand für kritische Blicke von Besuchern geordnet. Da ist alles, wie es ist. Und manche der Gartenbewohner müssen dazu schauen, sich alles zu holen, was zum Leben notwendig ist. Zum Beispiel Petersilie und Kräuter, die unter einem mächtigen Götterbaum um jeden Tropfen Wasser streiten. Daneben kann sich ein junger Kirschbaum nicht so richtig zum Wachsen entscheiden. „Wenn er nicht weitertut, kommt er nächstes Jahr weg", meint Ruth Maier sehr bestimmt. Auch der mächtige Götterbaum, der sich an Größe mit dem Haus gut messen kann, ist nicht der Gärtnerin liebstes Kind: „Er wirft viele Blüten und Blätter ab, die ich dann ständig aus dem Teich fischen muss."

Die Arbeit im Garten ist nicht das Ziel von Ruth Maiers grünen Ambitionen. Das lässt sich schon besser so beschreiben: „Ich mag den Garten als Raum, und ich mag ihn gerne mit anderen teilen." In Garten und Galerie, beides gibt es seit sieben Jahren, treffen sich Freunde, KünstlerInnen und Familie, plaudern, diskutieren, feiern Feste. „Mir sind die Künstler, die bei mir ausstellen, wirklich ein

Anliegen. Ich stehe zu ihnen und ich möchte sie fördern", sagt die 58-Jährige. „La Mama Galeria" hat sie eine ihrer Künstlerinnen genannt, ein anderer schreibt ihr zum Muttertag, und der eigene Sohn hat sie mit dem Titel der „Siebenstern-Mama" bedacht. Ruth Maier löst ihn auf ihre Art ein: „Zu mir können alle kommen. Ich habe ein offenes Haus." Vor allem jüngere Menschen liebt sie. „Ich bin meist in der Runde die Älteste." Nur eine Freundin ihrer schon verstorbenen Mutter sei ihr von den älteren Menschen nahe. „Viele Menschen sind neidisch, wenn andere gut leben", meint sie etwas scharf. Ihre etwas andere Lebenseinstellung vermittelt ihr manchmal das Gefühl, gar nicht in die Umgebung zu passen. „In meinem Haus gibt es Mieter aus allen Nationen. Gerade das gefällt mir. Und in meiner Galerie treten auch palästinensische Musiker auf." Sie macht eine kurze Pause. „Vielleicht leben wir Künstler ja in einer eigenen Welt, weil für uns diese Unterscheidungen keine Rolle spielen." Ruth Maiers Garten, eingebettet zwischen den hohen Häusern der umliegenden Straßenzüge, zieht die Aufmerksamkeit von Be-

wunderern und Übelwollenden gleichermaßen an. Er ist für Fernsehaufnahmen beliebt, besonders wenn es darum geht, den 7. Wiener Gemeindebezirk als echten Grün-Bezirk zu präsentieren. Fast noch öfter besuchen ihn die Polizisten des nächstgelegenen Kommandos, weil Nachbarn sich über Lärm aus dem Garten beklagt haben. „Dabei wäre es viel einfacher, die Leute kommen auf einen Kaffee herüber und freuen sich mit uns", schlägt Ruth Maier als Alternative vor.

Eine Gruppe von KünstlerInnen, die sich gerne im Garten von Ruth Maier zu Arbeitsgesprächen trifft, nennt sich nach dem Gewässer des Hauses einfach „Teich". Um diesen Teich wandern gerade zwei Keramikkünstlerinnen. Sie werden die nächste Ausstellung in Garten und Galerie gestalten. Sie präsentieren Keramikskulpturen, die den Garten ergänzen, vielleicht neu definieren, die den Marillenbaum mit konischen Keramikröhren neu verorten und aus der Wiese gelbe und orangerote Keramikfrüchte wachsen lassen. Es braucht offenbar nur Phantasie und Toleranz, um scheinbar Gegensätzliches zu vereinen.

Von einer großen Holzveranda überblickt Ruth Maier ihren Garten mit Teich, Wiese, hohen Bäumen, Beerensträuchern und Kunstobjekten.

Gartenidylle im Weingarten

Moni Winter hat ein Haus im Stil des 19. Jahrhunderts in den Weinbergen oberhalb Wiens gebaut und dazu einen Garten angelegt, der viele kleine Bühnen bietet.

„Halten Sie sich nach dem Hohlweg immer rechts", hatte ich als Wegbeschreibung bei mir. Durch einen schmalen, dunklen Hohlweg fahre ich von Nussdorf hinauf. Ob ich noch richtig bin? Nach dem Hohlweg weitet sich das Land zwischen Kahlenberg und Leopoldsberg, den „Hausbergen" von Wien. Da fällt mein Blick auf ein biedermeierlich anmutendes Haus. Rosenumrankt steht es inmitten der Weinberge. Ich läute am Gartentor, das von zwei mächtigen Hollerstauden flankiert wird. Sie halten nicht nur böse Geister fern, sondern schirmen auch neugierige Blicke ab. Franz Winter, der in die Stadt hinunter muss, lässt mich ein. Seine Frau Moni erwarte mich oben, ruft er mir noch zu. Ich trete ein und stehe unmittelbar in einer schönen Weinlaube, einer Pergola, die mich hinauf zum Haus leitet. Iris, Stockrosen, Lein und Frauenmantel setzen Farbtupfer entlang der Laube, die rosarot in Büscheln blühende Ramblerrose „American Pillar" lässt Augen und Nase aufmerken. „Ursprünglich wollte ich nur einen Duftgarten anlegen", erzählt Moni Winter. Sie kommt gerade um die Hausecke herum. Die Sonne steht schon hoch. Für den Gartenspaziergang setzt Frau Winter einen eleganten alten Strohhut auf, der ihrer grazilen Erscheinung eine besondere Wirkung verleiht. Der Garten, das Haus, die Gärtnerin, hier zieht alles augenblicklich die Aufmerksamkeit auf sich. Widmen wir sie zuerst dem Gebäude. „Jetzt sieht dieses Haus wieder ganz so aus wie früher", meinte vor kurzem ein Passant beim Anblick des kleinen Anwesens. „Da-

bei stimmt das überhaupt nicht", entgegnet dessen Besitzerin. „Schön war dieses Haus früher wirklich nicht." Eine abgetakelte, wellblechgedeckte Hütte sei das vor 17 Jahren gewesen. Damals entdeckte Moni Winter das Anwesen. Was sie ihrem Mann telefonisch als Beschreibung durchgab, erkannte dieser sofort wieder. Als er Schauspieler am Burgtheater war, ist er oft in der Gegend über Grinzing gewandert, um seine Rollentexte zu studieren. Was am Haus heute „so schön wie früher" aussieht, ist in Wahrheit die Schöpfung der Hausherrin. Bis zum Fundament wurde das Althaus abgetragen und das neue erbaut. Als Vorlage dienten die für die Kahlenberger Gegend typischen Häuser aus der Zeit des frühen 19. Jahrhunderts. So wurde mit alten Ziegeln und altem Holz, buchstäblich mit Abbruchmaterialien, gebaut. Jedes Detail sollte stimmen. Die Holzveranda hat sich Moni Winter vom Sommerhaus des russischen Dichters Anton Tschechow auf Jalta abgeschaut. Entstanden ist ein wohnlicher Raum mit heimeliger Atmosphäre. Ich würde mich gerne in eines der komfortablen Sofas setzen und in einem der vielen Bildbände schmökern. Dieses Haus, dessen Verortung Moni Winter mit „15 Fahrminuten vom Burgtheater entfernt" charakterisiert, sei ihr zur Heimat geworden. „Weil ich hier gebaut und vor allem gepflanzt habe."

Wir steigen den langgestreckten Garten hinter dem Haus hinauf. Links und rechts säumen dichte Hecken aus Flieder, Jasmin und anderen heimischen Sträuchern die Grundgrenze. Alte Obstbäume, Zwetschken, Kirschen, Marillen, Nuss- und Birnbäume formen mit ihren teils schon ganz knorrigen Stämmen und Ästen ein stabiles und doch bewegtes Grundgerüst des Gartens. Die verschiedenen Ebenen des Gartens formieren sich zu kleinen Bühnen. Wir passieren den kleinen Garten von Tochter Lisa. „Momentan ist er ein bisschen verwildert", seufzt die Mutter. Mit 17 ist einem vermutlich anderes näher als Unkrautzupfen. Über alte Steinstufen geht es bergan. Auch sie hat Moni Winter aus Abbruchhäusern zusammengetragen. Weit oben, ehe der Garten in den Weinberg übergeht, steht ein kleines quadratisches Holzhaus. „Das ist die Schreibstube meines Mannes. Die habe

ich ihm neu aus altem Holz gebaut." Ein kleiner Schreibtisch, Stifte, ein CD-Player, Bücher und ein wunderbarer Ausblick. In der sanft schwingenden Landschaft wirken die Reihen der Weinstöcke wie „Notenlinien für Melodien, vielleicht von Schubert und Beethoven, die hier heroben so gern spazieren gegangen sind", weiß Moni Winter.

„Sehen Sie, diese alten Steine finde ich alle hier in der Erde", deutet Frau Winter auf offensichtlich bearbeitete, kleine Steinrelikte in unterschiedlicher Form und Farbe. Archäologin wäre sie gerne geworden. Vielleicht liegt das auch an ihrer Familiengeschichte. Sowohl die Eltern des Vaters als auch die der Mutter mussten nach dem 2. Weltkrieg fliehen. Ein beträchtlicher Besitz musste zurückgelassen werden. Auch in Budapest, wo die Uroma mitten in der Stadt einen riesigen botanischen Privatgarten ihr Eigen nannte. Monis Mutter schenkte ihr den Zweig einer Ölweide und meinte: „Das ist der Duft meiner Kindheit in Ungarn." Heute wächst diese Ölweide in Monis Garten. Eine olfaktorische Erinnerung, so wie es auch eine gibt, die durch Bücher ausgelöst wird: „Wenn ich Bücher von Sándor Márai lese, habe ich das Gefühl, das alles zu kennen, die Stimmung, die Szenerie, die Geschichten."

Wir steigen den Garten wieder hinunter. Der Blick in die Landschaft ist so berückend, dass man beinahe den Garten übersieht. Doch der Duft der vielen alten Rosen holt die Sinne zurück. „Albertine", „Golden Celebration", „Alchemist", „Felicité et Perpétué" oder „Lavinia", die üppig blühenden Damen tragen Namen aus längst vergangenen Zeiten.

Für Moni Winter sind alle Pflanzen zu Mitbewohnern ihres Gartens geworden. Beim ersten morgendlichen Gang durch den Garten, oft noch im Nachthemd, registriert sie, wer Wasser braucht, wem Brennnesseljauche gut täte, sie bricht welke Blüten aus und freut sich an allem, was unvermutet von selbst wächst. „Der Garten ist für mich lebenswichtig", sagt sie. Da muss auch die Kunst warten, der sie sich gerne intensiver widmen würde, hat sie doch eine Ausbildung an der Hochschule für Angewandte Kunst als Grafik-Designerin absolviert. Vielleicht ließe sich der Geräteschuppen zu einem Atelier ausbauen? Oder sollte sie zuvor noch rund um den alten Nussbaum weiter oben im Garten einen Sitzplatz gestalten? Die Lust an der Inszenierung und die Liebe zu den Pflanzen lassen Moni Winter Raum um Raum im Garten schaffen.

In gemütlichen Sesseln sitzend trinken wir noch Holundersaft. Frau Winter erzählt von den Äskulapnattern, die in ihrem Garten wohnen. Und von der einen, die „überall war, wo ich war". Als sie ihr eines Tages bis in den Zwetschkenbaum nachschlängelte, packte die Gärtnerin Angst, und sie erschlug das Tier. „Das tut mir bis heute Leid. Ich habe erst viel später begriffen, dass mich dieses Tier geliebt hat."

In der Mitte des Tisches auf der sonnigen Terrasse steht eine schöne alte Schale, üppig gefüllt mit rosafarbenen und weißen Rosen und Pfingstrosen. Ein perfektes Bild. Da springt Moni Winter auf, sucht nach einem Gartenhandschuh und gräbt für mich einen Ableger der japanischen Weinbeere aus. „Weil es auch für mich selbst das größte Glück ist, aus einem Garten etwas geschenkt zu bekommen."

Ein Garten der Mitteilungen

Elfriede Heinzle bewohnt mit ihren Schwestern ein altes Rheintalhaus.
Der Garten entspricht dem Leben, das Elfriede Heinzle führt.

„Ich kenne meine Wege", sagt Elfriede Heinzle. Sie steht am Rand des großen Blumenbeetes, das zwischen Scheune, großem Nussbaum und der Dorfstraße alle Blicke auf sich zieht. Das große Beet ist dicht bepflanzt, kein Weg zwischendrin zu sehen. Rosen, Taglilien, Phlox, Rauten, Mohn und Gräser heben sich wie die Wellen eines leicht bewegten Meeres, auf und ab folgt das Auge den Horsten der Stauden und den Schöpfen der Blumen. „Stauden mag ich besonders gerne. Sie sind wie ein Symbol des Lebens. Sie müssen tief wurzeln und sind in einem ständigen Prozess des Wachsens, sich Verwandelns und wieder Vergehens", sagt die 72-jährige Gärtnerin. Die Bewegungen des Lebens werden im blühenden Garten auch im Wechsel der Jahreszeiten sichtbar. „Zuerst kommen in diesem Beet mit den Tulpen und Narzissen die Farben des Frühlings. Dann folgen die Pastelltöne der Rosen und Iris. Dann explodiert das Gelb des Sommers mit den Taglilien, dem Sonnenauge und der Sonnenbraut und all den anderen. Die Farben des Herbstes, das Braun und Gelb der Gräser, das späte Blau der Herbstastern mag ich inzwischen besonders." Liebevoll, wie über eine Schar Kinder, streift Elfriede Heinzles Blick über die Pflanzen. „Meine Vorliebe für Farben ändert sich. Von den kräftigen Farben Rot und Gelb komme ich immer mehr zu den Pastelltönen."

Elfriede kennt die Wege durch ihre Pflanzung sehr genau. Sie hat sie, wie die Wege ihres Lebens, beständig und mit Gespür gebahnt.

Als Älteste von 11 Geschwistern wurde sie in dem mit Holzschindeln verkleideten Rheintalhaus am Ortsrand von Götzis geboren. Heute lebt sie dort wieder mit zwei ebenfalls unverheirateten Schwestern in einer Art Wohngemeinschaft. Die Großfamilie scheint ein wichtiges Thema ihres Lebens zu sein. Jeden Sonntag trifft sich bei den Schwestern, wer mit ihnen verwandt oder bekannt ist, zum Kaffee. „Meistens sind wir 15 Leute oder mehr." Bis zu ihrem 30. Lebensjahr arbeitete Elfriede daheim, half der Mutter und liebte schon damals den Garten. „Hockt sie schon wieder im Garten?", war der Vater, ein kontaktfreudiger Gemeindesekretär, manchmal etwas mürrisch über seine Älteste. „Laß sie doch!", nahm die Mutter sie in Schutz. „Von ihr habe ich viel Unterstützung bekommen", erinnert sich Elfriede Heinzle. Auch manche Lebensweisheit blieb im Gedächtnis. Hatte die Mutter Kummer, ging sie mit der Harke auf das Feld. „Der Boden zieht die Sorgen, und der Wind bläst sie weg", ließ sie die Tochter wissen.

Kinderdorfmutter, Kunsthandwerkerin oder Gärtnerin, das waren die Berufsträume der jungen Frau. Eine Lehre war aber nicht drinnen. Elfriede folgte schließlich einem geistlichen Weg und wurde Mitglied der „Frohbotinnen von Batschuns". In diesem Säkularinstitut, einer Art Orden mitten in der Welt, will man mit den Menschen, dort, wo sie sind, das Evangelium leben. Auch wenn Elfriede Heinzle mittlerweile wieder aus der Vereinigung ausgeschieden ist, bleibt die Überzeugung, „dass Jesus ein ganz einfacher Mensch war, der ganz alltäglich gelebt hat".

Einfach möchte auch Elfriede bleiben, wenn von ihrem Garten die Rede ist. Sie mag weder überzüchtete Pflanzen noch übertriebenes Getue. Jeder Garten müsse dem Menschen entsprechen, der ihn hegt.

Als Elfriede 1970 als „Mädchen für alles" in das Bildungshaus St. Arbogast kam, spürte sie, dass bei aller Kopfarbeit der Bildungswilligen die Freude an der Schöpfung fehlte. Sie fing an, einfache Blumenarrangements im Haus aufzustellen und an den Hängen um die Gebäude herum einen Garten anzulegen. Ohne viel Geld, dafür mit Leidenschaft

gen Blicken, und ein imposanter Stein markiert den Durchgang zum Hof des Hauses. „Mich freut jedes Eck", sagt Elfriede. Ein Bauern-, Rosen- und Staudengarten sei das. Entstanden aus dem, was um Haus und Hof schon immer war.

„Ich habe es gerne üppig, und ich lasse am liebsten alles wachsen", erzählt Elfriede. So darf auch das Mutterkraut bleiben, das sich überall im Garten ansiedelt. Man könnte meinen, es sei die eigentliche Leitpflanze der Gärtnerin.

„Ein Garten muss gelebt sein und nicht gemacht", bündelt Frau Heinzle ihre Philosophie. Eine wichtige Garten- und Lebenserfahrung ist ihr auch: „Es wächst alles von unten und gar nichts von oben." Der neue Gartenboom ist einer Ur-Gärtnerin wie Elfriede Heinzle nicht ganz geheuer. „Wenn alles mit Geld verbunden ist, geht die Mitteilung des Gartens verloren", ist ihre Überzeugung. „Der Garten ist ein Werdegang des Menschen, den man nicht kaufen und nicht verkaufen kann." Sie ist zwar dafür, dass Private ihre Gärten für Besucher öffnen. Aber nicht für Geld – das verderbe den Charakter, des Gartens und seines Besitzers.

Seit Elfriede Heinzle in Pension ist, bildet sie mit anderen zusammen das „Gartenteam" im Obst- und Gartenbauverein Götzis. Man hält einen Gartenmarkt ab und organisiert Fahrten in Gärten in Vorarlberg, der nahen Schweiz oder ins benachbarte Deutschland. Dabei geht es nicht ums neugierige Gaffen oder hastige Durchrennen, auch nicht um das neidvolle Taxieren oder kritische Kommentieren anderer Gärten. „Es geht ums Erspüren, um die Mitteilung, die jeder Garten hat, und um den Menschen, der sich in seinem Garten ausdrückt." Jeder, sagt Elfriede, verdient Staunen, Respekt und Dankbarkeit. Geht doch jeder seinen eigenen Weg. Der von Elfriede Heinzle scheint zu sein, die pflegenden förderlichen Seiten einer Gärtnerin auch auf Menschen anzuwenden. Manche nennen sie die „Urmutter" des neu erwachten gärtnerischen Interesses und Selbstverständnisses in Vorarlberg. Ein Ehrentitel, der Elfriede Heinzle freut. Ist er doch von selbst gewachsen.

und in der Freizeit. „Ich habe einfach gespürt, dass die Menschen sich wohl fühlen müssen, um sich öffnen zu können." Inneres und äußeres Blühen gehen Hand in Hand, ist sie überzeugt. Wer über das Wunder einer einzelnen Pflanze staunen kann, verschmerze gescheitertes menschliches Bemühen vielleicht eher.

Gemeinsam mit dem Priester Rudolf Bischof und einigen Floristenfrauen bot Elfriede Heinzle schließlich im Bildungshaus Kurse für Floristik an. Sie hatten Themen wie Ruhe, Dank, Wegrand, Segen, der Tisch oder die Tür. Der Austausch über diese Themen öffnete Seelentore und zeigte den Teilnehmern, wie man sich mit Pflanzen ausdrücken, mitteilen kann. Was teilt Elfriede Heinzles Garten über seine Gärtnerin mit?

Ungezählte Rosen wachsen rund um das Haus und im Hof. *Rosa Venusta pendula*, die cremeweiße „Madeleine Selzer", die dreifärbig blühende „Ghislaine Féligonde" oder die in weißen Trauben blühende Kletterrose „Rambling Rector" – sie ranken sich in Bäume, klettern Wände entlang, bilden Bögen und geben großen Beeten Struktur. Neben, mit und unter ihnen blüht es von Februar bis November. Entlang des zweiten Weges am Haus schützen mächtige Haselstauden den Garten vor neugieri-

Ein Bauerngarten in den Bergen

Mutter Brigitta Lukasser und Tochter Brigitte Vogl-Lukasser pflegen, jede auf ihre Art, den Osttiroler Bauerngarten.

Ein kleines Messer in der einen und eine Schachtel in der anderen Hand geht Brigitta Lukasser durch ihren Gemüsegarten. Vom Regen des Vortages ist der Boden des Hausgartens noch etwas aufgeweicht. Brigitta Lukasser hat über die Kleiderschürze eine Strickweste angezogen, es ist noch frisch in 1200 Meter Seehöhe. Sie bückt sich hinunter zu der langen Reihe mit Lollo Rosso und Feldsalat, schneidet Salatblätter ab und legt sie sorgfältig in ihre Schachtel. Schnittlauch, Petersilie und Ruccola folgen. Später wird sie ihre Gartenschätze mit hinauf nehmen zum Gasthaus am Wildpark, das ihr Sohn führt. Frisches Gemüse aus eigener Produktion, wo bekommt man das schon auf den Teller. „Ich mache den Garten seit 40 Jahren", sagt Brigitta Lukasser. Damals hat sie auf den Hof in Assling geheiratet. Pflanzen haben sie immer interessiert. Als sie noch unverheiratet war, arbeitete sie im Winter als „Stockmadl" im Krankenhaus. Von ihrem ersten Gehalt kaufte sie sich ein Pflanzenbuch. Ihr Garten in Assling ist wohl bestellt. Die Gemüsereihen hat die Bäuerin nach eigener Vorliebe gestaltet. Da steht eine Reihe Kopfsalat im Wechsel mit Büschen von Schnittlauch, daneben eine Reihe Lollo Rosso in Gesellschaft von Karotten, in anderer Kombination ergänzen einander nebenan Kopfsalat, Kohlrabi und Radieschen. Am Rand des Gartens wachsen die lokalen Schönheiten: Fingerhut, Tränendes Herz, Pfingstrosen, Mohn, Malven, Kamille, Ringelblumen, alles, was sich selbst aussät oder dauerhafte Staude ist. Der Garten ist südseitig ausgerichtet. Hinten schützt ihn die Wand des Stalles vor Winden und speichert die Wärme. Vorne geht der Blick über das tiefe Tal auf die felsigen Berge. „Wenn ich am Abend aus dem Gasthaus zurückkomme, ist mein erster Gang meist in den Garten", erzählt Brigitta Lukasser. Heuer wird sie 70 Jahre alt. Der Garten ist „ihr Reich". Sie will alles nutzen und ihn schön haben. Da fällt mir ein Fleck Erde am Rand des penibel gepflegten Gartens auf, der anders ist. Dort wachsen einige Pflanzen ziemlich wild durcheinander. „Das ist meine Spontanvegetation", sagt Brigitte Vogl-Lukasser. Die junge Frau ist unbemerkt zur Gartenführung dazu gekommen. Im Revier der „Mame", wie sie ihre Mutter ruft, beansprucht sie nur ein kleines Stück. „Es ist ganz wichtig und typisch für einen Bauerngarten, dass er in die Zuständigkeit einer Person fällt, meistens der Bäuerin." Brigittes Analyse klingt nicht nur wissenschaftlich, sie ist es auch. Die Tochter der Asslinger Bäuerin ist Assistentin an der Universität für Bodenkultur in Wien und im Bereich der Ethnobotanik forschend tätig. Vereinfachend lässt sich dieses Fachgebiet so beschreiben: Man schaut, was wo wächst, und lässt die Menschen dazu ihre Geschichten erzählen. Pflanzenkunde und Kulturgeschichte sind auf diese Weise verbunden. Deswegen werden für Brigitte auch die eigene Mutter und deren Garten zum Forschungsobjekt. „Wenn ich um halb sechs Uhr früh wach werde und meine Mutter schon im Garten singen höre, weiß ich, dass es ihr gut geht", erzählt sie. „Die alten Liadlan fallen mir ganz von selber ein", ergänzt die Mutter. Daraus den Schluss zu ziehen, dass Gartenarbeit alle Menschen glücklich mache, wäre für die Forscherin Brigitte unzulässig. „Manche Bäuerin, die schon genug um die Ohren hat, belastet die Gartenarbeit auch." Das Forschungsthema Bauerngarten hat sich für sie kurioserweise nicht in der Heimat, sondern bei einem Studienaufenthalt in Mexiko ergeben. „Dort habe ich die Gärten der Maya-Frauen untersucht." Brigitte erinnerte sich damals an die Hausgärten in ihrer Heimat. Auch dort sind sie allemal Frauensache. Das neue Forschungsprojekt nahm Gestalt an: Mehr als zwei Jahre lang hat sie Bäuerinnen in Osttirol besucht und genau aufgezeichnet, wie deren Gärten angelegt sind und welche Pflanzen dort gezogen werden. Die genaue botanische Bestimmung zeigte, dass es noch einige wenige Pflanzen gibt, die ganz typisch für Osttirol sind. Zum Beispiel die Herbstrüben, botanisch als *Brassica rapa ssp. rapa* apostrophiert. Die flachen, oben violett gefärbten Rüben wachsen zu drei Viertel oberirdisch und lassen sich so einfach aus der Erde ziehen. Ihren Samen gibt es nirgends zu kaufen. Er wurde immer von den Bäuerinnen selbst abgenommen und weiter getauscht. Brigitta Lukasser, die Mame, nimmt viele Samen bis heute selbst ab: „Die Samenstände von Ackerbohnen, Brotklee und Karotten, der Rüben und der Blumen werden in ausrangierten Leintüchern oder Kopfpolstern eingeschlagen und luftig und kühl zum Trocknen aufgehängt, bis die Samen von selbst ausfallen." Die Ethnobotanikerin Brigitte will das alte Osttiroler Saatgut erhalten und vermehren. Mit ihrem Mann, der Professor für ökologische Landwirtschaft an der Wiener Universität für Bodenkultur ist, baut sie gerade einen alten Hof in 1400 Meter Seehöhe um. Dort wollen die beiden einheimische Pflanzen und deren alte Sorten ausbauen und damit deren Nutzung fördern.

„Den Gurken passt es bei mir nicht", sinniert ihre Mutter. Sie hat ihre Gemüseschachtel schon bunt befüllt. Warum das krumme Grün nicht gedeihen will, ist ungeklärt. Im Vorbeigehen knipst Brigitte bei einer Käsepappel einen noch grünen Samenstand ab, löst die äußeren Blätter und schiebt die Samenkapsel in den Mund. „Wenn man die fest zerkaut, tut das dem Magen gut."

„Gelt, Mame, wenn du einen Samen von jemand Bekanntem geschenkt bekommst, dann probierst du ihn schon aus?", spricht Brigitte ihre Mutter an. Auf diese Art hat ein japanischer Mitsuna-Schnittsalat Eingang in den Garten von Frau Lukasser gefunden. „Ja, er schmeckt gut", sagt sie. Eine Bäuerin wie sie unterwirft sich nicht leichtfertig neuen Moden. „Die Mame mulcht ihren Garten auch nicht", merkt Tochter Brigitte an und gibt auch selbst die Erklärung: „Weil es ihr zu unordentlich ist und nicht gefällt."

Mutter Brigitta merkt nur gelegentlich auf, wenn ihre Tochter spricht. Am liebsten erzählt sie von ihren praktischen Erfahrungen. Die Kapuzinerkresse, zum Beispiel, die am Misthaufen wächst, wird im Herbst nicht abgeräumt, sondern erst im Frühjahr. Wenn die alten Triebe abgetrocknet sind, werden sie abgefackelt. Die Asche düngt, und die Kapuzinerkresse wächst verlässlich jedes Jahr wieder. Dass die Tomaten im kleinen Glasgang an der Stallwand so prächtig gedeihen, verdanken sie vermutlich einer Fischdüngung, erzählt die Bäuerin. Irgendwo habe sie gelesen, dass das Vergraben von Fischabfall das Wachstum der Nachtschattengewächse fördert. Sie hat es mit einigen toten Forellen versucht. Eine neue Methode, die die Mutter einfach einmal ausprobiert und die die Tochter vielleicht schon in ein paar Jahren wissenschaftlich erforschen wird?

Brigitta Lukasser muss los. Die Schachtel mit frischem Gemüse unter dem Arm macht sie sich auf den Weg in die Küche des Gasthofes. Gemüse ist doch dazu da, gegessen zu werden.

Was wächst, soll nützlich sein, schön anzuschauen und leicht zu pflegen – Kriterien, die der Bauerngarten von Brigitta Lukasser in Osttirol auf gut 1200 Meter Seehöhe jedenfalls erfüllt.

Gartenfreundschaft mit Pavillon

Helmut Lindner und Monika Göttl haben sich an der Schlossmauer zum Salzburger Schloss Kleßheim zu einer gemeinschaftlichen Nutzung eines Gartens gefunden.

Es war gut, dass Helmut Lindner mich vor dem Gartenbesuch kurz in seine Wohnung gebeten hat. In der ehemaligen Meierei des Schlosses Kleßheim bei Salzburg bewohnt Herr Lindner eine tolle Altbauwohnung. Auf dem großen Esstisch hat er in einer Schale gelbe und weiße Rosenblüten arrangiert, in einer großen Vase kommen elegante hohe Gladiolen gut zur Geltung. „Ich brauche den Garten für die Blumen in meiner Wohnung", sagt er. „Für mich sind Blumen Mitbewohner."

Wir verlassen die Wohnung, queren einen kleinen Bach und treten durch ein schmiedeeisernes Tor in den Park des Schlosses Kleßheim. „Das ist der repräsentative Zugang zum Garten", sagt der gelernte Forstwirt. Viele Jahre hat er in der Landwirtschaftsschule Kleßheim unterrichtet. Seit kurzem ist er als Referatsleiter für alle Landwirtschaftsschulen im Bundesland Salzburg zuständig. Nach einem kurzen Weg durch die Lindenallee biegen wir rechts ab. Wieder schließt Helmut Lindner ein schönes schmiedeeisernes Tor in der Schloßmauer auf. „Das ist er, unser Hortus conclusus", sagt der Gärtner. Der abgeschlossene Garten, den er meint, ist ein nahezu quadratisches Grundstück, eingerahmt von einer hohen Mauer und einem Gebäude der Landwirtschaftsschule. Helmut Lindner hat einen kleinen grünen Drahtkorb mitgebracht. Vor der Gartenführung muss er schnell einige Kriecherl vom Baum gleich neben dem Eingang pflücken. Der Baum mit den kugeligen gelben Früchten ist vermutlich schon alt. Seit Jahrhunderten wird die-

ses Stück Garten als Gemüse- und Obstgarten des Schlosses genützt. „Ja, da ist sie ja!" Helmut Lindner begrüßt seine „Gartenfreundin". Monika Göttl und ihr Mann Berthold wohnen auf der anderen Seite des Gartens. Berthold Göttl war nicht nur Landesrat, sondern auch viele Jahre Lehrer der Landwirtschaftsschule. Mit seiner Lehrerwohnung konnte er den Garten pachten. Seine Frau Monika bekam ihn 1967 zur Verehelichung sozusagen als „Morgengabe". „Ich habe halt hier Gemüse angebaut für die ganze Familie", berichtet Monika Göttl. Ihre drei erwachsenen Kinder hätten ihre Liebe zum Garten leider nicht übernommen, bedauert sie. Auch ihr Mann sei mehr für die „groben" Arbeiten zu haben gewesen. „Ich mähe den Rasen", meint er mit ein bisschen Stolz. Sein Lohn ist zumindest zweifacher Art. „Ich bekomme immer die Erbsen aus dem Garten", und: „Wenn ich meine Frau nicht daheim finde, weiß ich, dass sie im Garten ist."

Helmut Lindner ist vor ungefähr sechs Jahren mit seinen Pflanzen im Garten von Monika Göttl eingezogen. Wir haben im achteckigen weißgrünen Holzsalettl in der südwestlichen Ecke des Gartens Platz genommen. „Ich hatte früher einen eigenen Garten, der aber aufgelöst wurde", erzählt Helmut Lindner. „Und ich habe schon immer gesehen, wie liebevoll und gekonnt der Helmut gartelt", ergänzt Monika. Ob sie nun ihn eingeladen habe, an ihrem Garten teilzuhaben, oder ob er darum gebeten hat, das weiß keiner der beiden mehr so genau. Tatsache ist, dass sie nun Garten und Pflanzen teilen. „Ich habe viele alte Pfingstrosen in den Garten mitgebracht", erinnert sich Helmut Lindner. Außerdem Beerenstauden und Lilien, Rosen und Phlox. Vom Salettl überblickt man die Gartenbeete ganz gut. Es sind mehrere acht Meter und rund 15 Meter lange Streifen, die dicht bewachsen sind. Einen solchen Streifen bepflanzen Helmut und Monika. Auf einem nächsten lernen Schülerinnen der Hauswirtschaftsschule die Bewirtschaftung eines Gemüsegartens, und daneben haben zwei Lehrerinnen ihren Kleingartenbetrieb aufgenommen. Auf dem Streifen von Monika Göttl und Helmut Lindner mischen sich Gemüse und Blumen. Dabei sind die Auswahlkriterien klar. Helmut Lindner: „Wir bauen kein Gemüse an, das man billig am Markt bekommt und das nur lange die Pflanzflächen blockiert." Kurz vor Ostern beginnt das Gartenjahr mit der Planung des Pflanzeneinkaufs. Zum Erwerb des jungen Gemüses rücken die beiden gemeinsam aus, teilen sich Last und Kosten. Jetzt im späten Sommer gedeiht noch Mangold, die Tomaten reifen heran, der letzte Ruccola wartet auf die Ernte. „Bei den Blumen kaufen wir wenige Einjährige wie zum Beispiel Zinnien zu", fährt Helmut Lindner fort. Seine Blumenfavoriten sind ohnehin langlebige Stauden. „Das Blumenjahr beginnt für mich mit den Iris, die in allen Farben blühen, dann kommen die Pfingstrosen, die Rosen, schließlich der Phlox." Gruppenweise hat er sie zwischen die Gemüsereihen von Monika Göttl gesetzt. Wie die Rosen und alle anderen Blühschönen mit Namen heißen, interessiert den Gärtner nicht. „Ich will, dass die Blumen lange und üppig blühen", gesteht Helmut Lindner umstandslos. „Gestern erst habe ich die Rosen und die Gladiolen für daheim geschnitten. Merken Sie, dass sie fehlen?" Wenn es ums „Ernten" der Blumen geht, gebe es die einzige Meinungsverschiedenheit zwischen den zwei Gartenfreunden. „Monika will die Blüten schneiden, wenn sie noch knospig sind, und ich erst, wenn sie voll erblüht sind", lacht Helmut Lindner. Berthold Göttl sitzt derweil daneben und hört offenbar mit Wohlwollen zu. Seinen großen Auftritt im Garten hatte er im Frühling 2004. Da überraschte er seine Frau mit dem nagelneuen Salettl. „Seit wir uns kennen, hat sie immer von einem Zirkuswagen geträumt, den sie in den Garten stellen wollte", erzählt er. Als Gestalter von volkskundlichen Sendungen und Artikeln kennt Berthold Göttl auch den Direktor des Freilichtmuseums Großgmain. Und der überließ ihm den Plan eines Salettls aus dem 19. Jahrhundert. Ein Zimmerer baute das kleine Garten-Lusthaus nach. Es sollte eine Überraschung zum 60. Geburtstag von Monika Göttl werden. Während des Aufbaus des Geschenks bekam sie Gartenverbot. „Was für mich eine echte Bestrafung war", wirft Monika ein. War

auch allen Familienmitgliedern eingeschärft worden, nichts zu verraten, ging doch Enkel Moritz der Mund über: „Omi, schön wird dein Gartenhäusl." Die frühe Ahnung minderte aber nicht die Freude. Nun sitzt man noch lieber mit Freunden an lauen Sommerabenden im Garten, schaut auf die Gipfel von Zwiesel und Hohem Staufen und genießt die Ruhe, die nach der Landung des letzten Flugzeugs am nahen Salzburger Flughafen einsetzt. Nur mehr die Fluggeräusche der zahlreichen Fledermäuse sind dann zu hören.

„Für mich ist der Garten eine Freude und eine Erholung", strahlt Monika Göttl. Am liebsten, sagt sie, sei ihr, wenn sie im Frühjahr die frische Erde rieche. „Du hast ja einmal gesagt, dir sei leid, wenn du tot bist, denn da kannst du die Erde nicht mehr riechen", wendet sich Berthold Göttl zu seiner Frau. Im Garten Göttl-Lindner wird nicht gespritzt und nur mit Kompost gedüngt, da wird auch nicht penibel jedes Unkraut gezupft. Da herrscht, so scheint es, eine zufriedene Übereinstimmung von gleichgesinnten Gartenmenschen. In diese Idylle passte der Zaunkönig, der im dichten Blattwerk einer Strauchrose heuer sein Nest baute und drei Junge großzog. Vom Achterl Wein, das die Gärtner gern beim gemeinsamen Jäten trinken, hat er wohl nichts abbekommen.

Üppige Blumenpracht ist der Hauptzweck, den die Gartenfreundschaft von Helmut Lindner und Monika Göttl erfüllen soll.

„Derjenige, der einen Garten kultiviert und Blumen und Früchte zur Vollkommenheit führt, der kultiviert und fördert zugleich auch sein eigenes Wesen."
Ezra Weston

VON GESTALTERN
UND
THEMENGÄRTNERN

Rabatte in Perfektion

Nur ein gut geplanter Garten kann ungezwungen ausschauen, sagt Ursula Haller. In ihrem eigenen frönt sie der Kunst schöner Staudenbeete.

„Aus 200 Arten Storchschnäbel die zwei richtigen zu finden, ist wie eine Rasterfahndung", lacht Ursula Haller. Die zwei zu finden, die in Farbe und Form von Blüten und Blättern, in Wuchshöhe und Blühzeitpunkt genau passen, und alles zu einem Wohnzimmer im Freien zu gestalten, darauf kommt es Ursula Haller an. Denn ihr Garten entsteht im Kopf. Als Bild, das Farbthemen und Formen zeigt. Mit der Bepflanzung ihres Gartens will sie diesem Bild so nahe wie möglich kommen. Erst wenn alles zu „99 Prozent geplant ist", könne es „üppig und ungezwungen" ausschauen.

Den Beweis dafür tritt sie in ihrem 1500 Quadratmeter großen Garten im niederösterreichischen Stadt Haag an. Die Familie bewohnt ein gepflegtes, aber äußerlich unspektakuläres Siedlungshaus. Früher gehörte es einem Pfarrer. Tritt man durch den Wintergarten in den Garten hinaus, steigt man auf alte Granitplatten, die einst den Brevier-Betweg des geistlichen Herrn pflasterten. Heute sind sie Basis des schönen Sitzplatzes, der von einem mächtigen Zierapfelbaum mit weinroten Blättern und dunkelrosa Blüten im Frühjahr dominiert wird. Zwischen den Ritzen der Steinplatten wachsen einzelne Exemplare der korsischen Schneerose, Walderdbeeren und Frauenmantel. „Die dürfen stehen bleiben", sagt die Gärtnerin. Ein bisschen Zufall soll auch in ihrem Garten sein, obwohl sie überzeugt ist, dass erst die genaue Auswahl und die optimale Pflege Pflanzen zu ihrer wahren Schönheit verhelfen. „Deswegen verehre ich die

englischen Gärtner, die das in Perfektion beherrschen." William Robinson war ein Gärtner, der „natürlich perfekt" pflanzte und Ursula Hallers Vorstellungen eines Gartens am nächsten kommt: „Das Haus steht für die Zivilisation. Vom Haus weg wird der Garten gestaltet. Er beginnt dort sehr intensiv und verliert sich dann in der Entfernung vom Haus immer mehr im natürlichen Umfeld."

Die Farben Weiß, Grau und Hellgelb und ein guter Duft, das waren Ursula Hallers Vorgaben für den Gartenteil, der rund um den Sitzplatz entstand. Unter dem Apfelbaum und entlang des dahinter liegenden Gartenzaunes neigen die Schneeball- und Eichblatthortensien ihre weißen Blütenköpfe. Sie kommen auch in einem anderen Gartenteil, rund um das neu angelegte Schwimmbecken wieder vor. Wiederholung eines Pflanz-Themas, sagt dazu die Fachsprache.

Ursula Hallers Gestaltungstalent zeigt sich besonders in den vier quadratischen Beeten südlich des Sitzplatzes. Weißbunter Spindelstrauch, Rispenhortensie und *Potentilla* bilden das pflanzliche Grundgerüst. Das ist vor allem im Winter wichtig, wenn alle Blüher sich vom Schauplatz zurückgezogen haben. Die übrigen Pflanzen, vornehmlich Stauden, sind nach Wuchshöhe, Farbspiel und Blattformen fein aufeinander abgestimmt. Eine kleine Kostprobe gefällig? Cremefarbige Taglilien, weißblühender Schnittlauch, Wollziest und weißgelbe Iris, Funkien mit weißem Rand, Heiligenkraut, Anemonen und Tulpen, weißer Lauch mit grauweißen Köpfen, weiße Lichtnelken und weißblühende Staudenclematis, drei Arten Pfingstrosen, reinweiße Königslilien und die weiße Waldglockenblume, winterharte, weiße Schmucklilien, dazu kombiniert Purpurfenchel als fast schleierartiger Farbakzent. „Das Weiß in der Nähe des Sitzplatzes ist vor allem im Sommer wichtig, weil die Farbe so wunderbar leuchtet, wenn man am Abend noch heraußen sitzt." Seit die Familie vor fünf Jahren beruflich ganz nach Wien übersiedelte, wird das Haager Haus vor allem in den Sommerwochen genützt. Ursula Hallers Gartenleidenschaft ist nun etwas eingebremst. Seit einem Jahr ist auch ihr zehn Jahre währendes Engagement im nahen Stiftsgarten Seitenstetten beendet. Dass der barocke Hofgarten wieder zu Leben erweckt wurde, geht auf die Anregung und das leidenschaftliche Wollen von Ursula Haller zurück. Ihre Kinder besuchten das Stiftsgymnasium, und sie selbst riskierte einen Blick über die hohen Mauern des verwahrlosten Gartens. Mithilfe von Gartenarchitekten und den Stiftsgärtnern entstand ein wunderbarer neuer Garten. Eine 50 Meter lange Rabatte mit Pfingstrosen, ein herrlicher Rosengarten und hübsche Farbthemenbeete – von Frau Haller alleine geplant und gestaltet – machen Seitenstetten zu einem österreichischen Vorzeigegarten. In den ersten sieben Jahren ihres Bestehens leitete und konzipierte Ursula Haller auch die mittlerweile weitum bekannten Gartentage im historischen Hofgarten.

Was der ambitionierten Gartenliebhaberin in Seitenstetten wichtig war, kann man auch in ihrem Garten sehen. Viele historische Strauchrosen hat sie in Kombination mit Clematis vor allem am Gartenrand gepflanzt. „Ich mag Rosen, die nur einmal im Jahr blühen. Dadurch wird die Rosenzeit so besonders wertvoll", sagt sie. Ach ja, eine Rose erbte sie vom Pfarrergarten, die *Rosa foetida bicolor*. Die türkische Wildrose mit scharlachroter Färbung innen und gelber außen, fünfblättrig und ungefüllt, war auch jene, die Ursula Hallers Mutter so besonders gefallen und die sie ihrer Tochter für den neuerworbenen Garten vorgeschlagen hatte. Doch die war schon da. Zufall oder Fügung?

Beim Gang durch Frau Hallers Garten findet man sich, sanft durch harmonisch bewachsene Gänge geleitet, immer wieder in neuen Gartenräumen wieder. Rund um einen Teich ziehen besonders üppig wachsende Stauden die Aufmerksamkeit auf sich. Frauenmantel, Taglilien, Gräser, hoher Bambus und gelbgerandete Funkien, dunkelblättriges Kreuzkraut und feuerrote Montbretien umwogen die Wasserfläche, die weiße Seerosen trägt. „Die zitronengelben Taglilien des Vorbesitzers waren der Ausgangspunkt für das Farbschema, das ich für diesen Bereich entwickelt habe", erläutert die Gärtnerin ihre Vorgangsweise. Immer wieder schaut sie die Bepflanzung von allen Seiten an, überlegt, ob die Größenverhältnisse und die Pro-

portionen stimmen, schneidet zurück, pflanzt dazu, sucht einen Farbakzent, beobachtet den Jahresablauf. „Manche meinen, ich sei überperfekt", sinniert Ursula Haller. Andere glauben zu beobachten, dass „nun leider alles verwildert". Doch die Spaziergänger, die einen Blick in die zur Straße hin gelegene Blumenwiese gemacht hatten, irrten. Was sie sahen, ist, natürlich beabsichtigt, eine Wildblumenwiese. Narzissen, Prärielilien, Margariten und der Wiesenstorchschnabel blühen exakt dort, wo die Gärtnerin es will. Und die Blumenmischung entspricht dem Bild, das sich die Gestalterin von ihrer Wiese macht. Die elegante Kunst, alles natürlich aussehen zu lassen, können Spaziergänger auch an der großen Magnolie am Gartenzaun studieren. Unter die dunklen Äste der frühblühenden Schönen hat Ursula Haller Farne, Funkien, Schachbrett- und Flockenblumen und Storchenschnabel gesetzt, als wären sie die selbstverständlichste grüne Lebensgemeinschaft, die sich denken lässt.

Der Haager Garten scheint schon nahezu perfekt und „fertig". Ursula Haller überlegt nun, wie sie gärtnerisch weitermachen könnte. Ein Dachgarten in Wien könnte sie reizen.

Ein großer Zierapfelbaum prägt das Ambiente des Sitzplatzes im Garten von Ursula Haller. Seine weinroten Blätter, seine Wuchsform und die hellrosa Blüten sind Grundlage für das Farb- und Pflanzschema der Umgebung.

Rosen am Hang

Gerhard Pirner und Veronika Hofer sind von München ins oberösterreichische Voralpenland gezogen und erproben an einem steilen Hanggarten ihr Gärtnerglück.

Welche Menschen wählen für ihr Gartenglück einen steilen Hang? Diese Frage hätte man sich schon angesichts des ersten Besitzers des Hauses von Familie Pirner/Hofer in Scharnstein stellen können. Steil zieht sich hinter dem Haus der Hang hinauf, rund 4000 Quadratmeter, die in dieser alpinen Gegend üblicherweise ein ungenütztes, nur fichtenbewachsenes Stück Land sind. Doch der Erbauer des heutigen Hauses, der als Begründer eines Naturmöbelversands Erfolg hatte, wollte ausgerechnet hier auf diesem Hang einen Garten „wiedergefunden" haben. Er bepflanzte ihn mit Rosen und öffnete ihn für Besucher. Englische Gartenkultur, ließ er werbetechnisch geschickt verlauten, sei mit diesem Hanggarten wieder in die österreichischen Lande eingezogen.

Mittlerweile ist er selbst aus Haus und Garten ausgezogen und Familie Pirner/Hofer hat sich dort niedergelassen. „Mein Mann wollte immer schon aufs Land ziehen, ich wollte lange davon nichts hören", erzählt Veronika Hofer. Auf einem schmalen Fußweg ist man vom Bahnhof Scharnstein zum versteckt am Fuß des Hanges gelegenen Haus gekommen. Ein Gartentor, mit Rosen umrankt, ein schönbrunnergelbes Haus, an dessen Front sich Rosen und Clematis ranken, schaffen eine einladende Atmosphäre. Doch gleich links vom Haus beginnt die Kletterei. Veronika Hofer geht voran. „Joseph, hast du die Schlange wieder gesehen?", ruft sie ihrem neunjährigen Sohn zu. Der spielt gerade am Teich, der noch zu ebener Erde angelegt ist. Eine Ringelnatter hat sich dort angesiedelt. Joseph, gar nicht ängstlich, stochert mit einer langen Stange im Wasser herum. „Pass auf, du vertreibst sie ja", mahnt die Mutter. Ihr weich gefärbter Dialekt lässt auf ihre Heimat Bayern schließen. „Wir haben in München gelebt. Bis wir das Haus hier entdeckt haben. Nach zwei Jahren Scharnstein vermisse ich das Stadtleben in München nun nicht mehr", erzählt Veronika Hofer. Sie ist Fernsehjournalistin, spezialisiert auf Dokumentationen. Ihr Mann Gerhard Pirner arbeitet als Kommunikationsberater und Publizist. Beide sind es gewohnt, beruflich weit herumzureisen und ihre Auftraggeber überall zu finden.

Gerhard Pirner kommt gerade den Hang herunter. „Jetzt wird der Garten langsam wieder", meint er. Er ist zum Schwerarbeiter im Hanggarten geworden und versucht mit Unterstützung eines Gartengestalters aus dem lange wenig gepflegten Garten wieder dessen unverwechselbaren Charakter herauszuarbeiten.

In diesen Garten muss man fast wie in ein Labyrinth einsteigen. Wir beginnen oberhalb des Teiches. Schmale gekieste Wege schlängeln sich den Hang hinauf. Sie verlaufen in Serpentinen, queren den Hang, gabeln und kreuzen sich. Die seitlich mit Holzlatten befestigten Wege weiten sich immer wieder zu kleinen Plattformen, zu Lauben und Mini-Terrassen. Nicht nur, dass man sich dann vom steilen Anstieg erholen kann, man kann notfalls auch versuchen, sich wieder etwas zu orientieren, woher man kommt und wohin man will. „Wie im wirklichen Leben", ist man versucht eine triviale Weisheit zu zitieren.

Ständige Begleiterin auf den Wegen ist die Rose. „Wir haben in unserem Garten über 50 verschiedene Rosen", erzählt Veronika Hofer. Sie sind das Erbe des Vorbesitzers. Stück um Stück müssen Veronika Hofer und Gerhard Pirner mit Hilfe fachkundiger Gartenbesucher die Rosen identifizieren. „Bei den früheren Tagen der Offenen Gartentür haben Besucher offenbar die Schilder, mit denen die Rosen bezeichnet waren, einfach mitgehen lassen", vermuten die Gartenbesitzer. Vielleicht dienten die Schilder in der Folge als Einkaufshilfe, um dieselbe Rose auch für den eigenen Garten zu erstehen.

Im unteren Drittel des Gartens wachsen die meisten und die spektakulärsten Rosen. Die „Kiftsgate Rambler" erzeugt mit ihren mächtigen Trieben und den weißen büschelförmigen Blüten einen richtigen Rosentunnel. Viele sogenannte „historische" Rosen betören in den Blütezeiten mit wunderbarem Duft. Veronika Hofer zieht den Zweig einer Schönen vom Wegrand heran: „Das ist meine Lieblingsrose." Es ist die Rose „Madame Hardy", die weiß mit grüner Mitte blüht und von vielen Gartengestaltern sehr geschätzt wird.

Gerhard Pirner hat beim Gang durch den Garten eher den nüchternen Blick des Gestalters. „Wir haben allein im ersten Jahr drei große Fuhren mit Holz und Sträucherschnitt weggebracht", erinnert er sich. Die am Hang gesetzten Bäume und Sträucher fechten um Luft, Licht und Wasser. Wer kräftig genug ist, breitet sich aus und lässt schwächere Pflanzen ungerührt verkümmern. Damit die Rosen ihre Schönheit wieder voll entfalten können, müssen die kräftigeren Hangbewohner nun etwas zurückstecken.

Gerhard Pirner schätzt am neuen Wohnort die Nähe der Berge. Er liebt das Bergwandern und Bergsteigen. Den Trainingshang hat er sozusagen hinterm Haus. Von den vielen Aussichtspunkten am Hang kann er die Berge sehen, die Ruine der Burg Scharnstein, und bei gutem Wind hört er das Rauschen des Almflusses im Tal.

Wir haben inzwischen den Gipfelpunkt des Gartens erreicht. Durch ein kleines Tor kann man oben auf die Fußgänger-„Promenade" von Scharnstein

hinausschlüpfen. Doch wir steigen wieder ab. Eine Ameisenstraße mit ziemlich großen Exemplaren der fleißigen Tiere ist zu queren. Vorsicht! Gut, dass sich ein Hanggarten ohnehin nicht zum schnellen Laufen eignet. Außer für Kinder wie Joseph Pirner, der mit seinen Freunden gelegentlich wilde Fangspiele am Hang macht. Wenn er nicht gerade Fußball spielt – das dann aber doch in der Ebene.

In der Nähe des Hauses nimmt die Intensität der Gestaltung des Gartens wieder zu. Man kann sich beim Abstieg an den Beeren stärken, die längs des Weges wachsen. Am Haus, das in Terrassen in den Hang gebaut ist, lädt ein kleiner ummauerter Garten zum Stehenbleiben ein. Durch die Hanglage wirkt er wie ein Senkgarten. Von oben biegen wüchsige Rosen ihre Stängel herab. Das Parterre des kleinen Gartens ist in formale Beete geteilt, die Klinkerpflaster und Buchsbaumrabatten umspielen. Darin gedeihen Gemüse und Blumen.

Noch einmal verengt sich der Weg. Über eine Steintreppe gelangt man wieder in den schmalen ebenen Bereich am Haus. In diesem schattigen und feuchteren Bereich hat Gerhard Pirner einen originellen kleinen Wassergarten in runden Fassbehältern angelegt. Großer Bambus begleitet den Weg zurück zum Eingangstor.

Einen „Tag für alle Sinne" will Gerhard Pirner künftig in seinem Garten anbieten. Wahrnehmen, Hören, Riechen, Schmecken, Fühlen, Ruhe sollen die Themen des Tages im Garten sein. Vielleicht ist es ja gerade das, was die drei Münchner nach dem Leben in der Stadt selbst wieder in Scharnstein gelernt haben.

Von der Terrasse des Wohnhauses führt der Weg den Hang hinauf. In Hausnähe wachsen besonders viele Rosen und machen aus Wegen blütenumrankte Tunnels.

Wie ein Garten sich auf Vier reimt

Veronika Pitschmann hat für ihren Garten eine klare Grundstruktur gefunden. Nun spielt sie mit verschiedenen Elementen, ganz nach Lust und Fantasie.

„Wir haben ausgemacht, in unserer Ehe soll jeder das machen, was er am liebsten tut. Und für mich ist das eben der Garten", sagt Veronika Pitschmann und strahlt. Ihr Mann Ernst steht gerade vom Mittagessen auf und geht über die Straße zurück in sein Architekturbüro. Veronika Pitschmann hat nun Zeit für eine kleine Gartenführung. „Also, bei mir sind wichtig: die Zahl Vier, das Quadrat und der Kreis. Außerdem habe ich nur die Farben Rosa, Weiß, Blau und Grün, wenig Orange und Gelb", beginnt sie ihre Schilderung. Von der Straße kommend sieht man zuerst das Haus der Familie. Der flache Bau hat, wie könnte es anders sein, den Grundriß eines Quadrats und an allen vier Seiten halbkreisförmige Buchten. Die Zahl Vier war offenbar auch maßgeblich für die Familienplanung. „Und hier", zeigt Veronika Pitschmann auf die südseitige Rabatte, „stehen vier große Buchsbaumkugeln, für jedes Kind eine, daher nach dem Alter auch unterschiedlich groß. Hier, bei der Kugel meiner Tochter Barbara, steht ein kleiner Buchsbaum dabei, für meinen Enkel Aaron."

Veronika Pitschmann ist gelernte Kindergärtnerin. Als die eigenen Kinder kamen, ließ sie den Beruf ruhen, und als der Nachwuchs groß war, gelang der Wiedereinstieg nicht ganz. „Da habe ich dann im Garten umzugraben begonnen, vielleicht auch, um meinen Frust etwas loszuwerden." Die große Wiese vor dem Haus hatte als Fußball- und Hockeywiese für die flügge gewordenen Kinder ausgedient. Bei vielen Reisen und Gesprächen und auch in der Mitarbeit im Büro ihres Mannes lernte Veronika Pitschmann viel über gelungene Architektur. „Ein Garten ist ja auch ein Stück Architektur." Also plante sie. „Das Wichtigste im Garten ist eine gute Grundstruktur. Das ist wie bei der Kindererziehung. Man muss einmal wissen, was man will, dann geht es leichter."

Die große Wiese auf der Südostseite des Hauses wurde zuerst mit einer Längs- und einer Querachse strukturiert. Die Endpunkte der Längsachse, parallel zum Haus, markieren auffällige Steine. Auf der einen Seite lugt ein alter barocker Grabstein unter einem Baum hervor. Den Stein ziert ein herzförmiges Ornament. „Das ist die Frau", schmunzelt Veronika Pitschmann. Ihr gegenüber, auf einer Distanz von gut 30 Metern, steht „der Mann", eine hohe, phallusförmige Säule, die von Efeu überwuchert wird. Ein Fundstück, das Veronikas Bruder, der nebenan einen Bauernhof führt, aus dem Acker geholt hat. „Vielleicht war es ein altes Vermessungszeichen", vermutet Frau Pitschmann.

Die Querachse verläuft zwischen der Terrasse am Haus und einem lauschigen Sitzplatz an der Grundstücksgrenze. Beide Sitzplätze sind besonders gestaltet. Am Haus zieht Veronika Pitschmann jedes Jahr an einem Gerüst – von Tochter Barbara geschweißt – Hopfen, der etwas Grün und Schatten spenden soll. Die Laube gegenüber hat sie sich in Schönbrunn abgeschaut. An Baustahl, der einfach in die Erde gerammt und oben zu einem Bogen verbunden ist, werden Hainbuchen hochgezogen. So entsteht ein schattiger, halbkugelförmiger Sommerplatz für heiße Tage, von der Familie als „Bad Ischl" bezeichnet, wo weiland die Sommerfrische des österreichischen Kaisers war.

Längs- und Querachse werden durch Wiesenwege betont, an deren Seiten sich nahezu, man ahnt es bereits, quadratische Beete befinden. Große Obeliske, wieder aus Baustahl geformt, markieren die Innenpunkte der Quadrate. Rosen und Waldreben nehmen die Rankhilfen gerne an. Die größte Blühpracht entfaltet sich dort in den Rosenmonaten. Die „Königin der Blumen" wird unterstützt von Frauenmantel, Buchs, vielen einheimischen Stauden und Blumen. Die meisten hat Veronika Pitschmann selbst gezogen, eingetauscht, und sie sind verbunden mit Erinnerungen an liebe Menschen. „In meinem Garten wächst, was in Pettenbach gut und fast von selbst gedeiht. Die Exoten sind nichts für mich", erzählt die Gärtnerin. Was in 500 Meter Seehöhe heimisch ist, dankt ihr auch die jährliche Gabe gut verrotteten Kuhmists, den die Wiederkäuer aus dem Bauernhof des Bruders beisteuern. Veronika Pitschmanns gärtnerischer Ehrgeiz geht über einen einfachen Ziergarten hinaus. So hat sie in der Nähe der „Mann"-Säule eine Grasbank gebaut. In leichtem Halbrund sind Grasziegeln aufgeschichtet. Man sitzt ganz weich, trockene Verhältnisse sind allerdings empfehlenswert. Wer zur rechten Zeit kommt, kann gleich von den jungen Monatserdbeeren naschen, mit denen die Bank bepflanzt ist.

Auf 1500 Quadratmeter Grund bietet Veronika Pitschmann aber noch eine Attraktion. Wir biegen um die Ecke des Hauses und stehen vor einem eigenwilligen Gemüsegarten. Nicht nur, dass das Spalier mit Himbeeren, Brombeeren und Weinbeeren an der Hausseite tadellos ist. Hier stehen auch Salatköpfe und Lauchstangen, Möhren und Kohlrabi geometrisch geordnet, und zwar diagonal. „Ich habe die alte Form des Klostergartens aufgegriffen", erläutert Veronika Pitschmann. Wieder ist der Garten im Gesamten ein großes Quadrat, das in vier kleine Quadrate geteilt ist, mit gekiesten Wegen, die auf eine runde Mitte zulaufen. Diese Mitte ist gepflastert im Stil des „Kremsmünsterer Scheibenkreuzes", einer kunstgeschichtlich bedeutsamen Darstellung. „Das Stift Kremsmünster ist für uns einfach das geistige Zentrum der Region, das wollte ich auch hier dokumentieren." Vom Rand der Gemüsebeete biegen sich wieder die schmalen Stangen von Baustahl zur Mitte und sind dort zusammengeschweißt. Im Sommer überranken sie Feuerbohnen. Sähe man den Garten von oben, könnte man erkennen, dass die diagonalen Reihen von Gemüsen und Kräutern in den vier Beeten zusammen wieder Quadrate bilden. Niedrige Buchsbaumhecken und Lärchenbretter zur Abgrenzung der Beete verstärken das Gefühl von Ord-

nung. Hat man sich an dieser Symmetrie satt gesehen, kann man endlich das originelle Glashaus würdigen, das die gesamte nördliche Längsseite des Gemüsegartens einnimmt. Es wird in der Mitte dominiert von einer hölzernen Turmstube in kräftigem Rot und Grün. Der Stil erinnert an eine kleine Pagode – vielleicht hatte 1920 ein Architekt sein China-Fernweh im Almtal ausgelebt? Denn der Turmaufbau krönte einst ein Feuerwehrhaus im Nachbardorf. Veronika Pitschmann rettete ihn vor dem Brennofen und hat ihn zum „Kommandoplatz" ihres Kalthauses gemacht. Hier sind Gartengerät und Pflanztöpfe fein geordnet, Schnüre, Schilder und Samenpackungen akkurat aufgereiht. Links und rechts gedeihen unter Glas im Sommer an die 30 verschiedene Tomatensorten.

Bleibt noch zu erwähnen, dass im Familiengarten auch zwei Kinder bereits architektonische Spuren hinterlassen haben. Tochter Barbara ist Industriedesignerin und für das große Pegasus-Pferd aus Torstahl verantwortlich, das vom Dach der Garage steil vor den Besuchern aufsteigt. Und Sohn Josef, ein Holzbau-Ingenieur, hat für die fünf Hühner und den Hahn der Familie ein originelles turmartiges Hühnerhaus entworfen.

Wie schön, wenn in einem Familiengarten jeder das machen kann, was er am liebsten tut!

Prunkstück an der Stirnseite des formalen Gemüsegartens von Veronika Pitschmann ist ein Kalthaus mit Turm.

Japanisch inspirierte Konzentration

Walter Hödl hat zuerst die Kunst des Ikebana für sich entdeckt und dann einen fernöstlich konzipierten Garten angelegt.

Walter Hödl fehlt nur mehr ein Stein zum Glück. Genau genommen sind es zwei, ein hoher schmaler und ein kleiner buckliger. Zusammen werden sie das Symbol des Kranichs bilden, jenes Vogels, mit dem einem das Glück zufliegt. Zumindest will es so die Philosophie des japanischen Gartens. Eine Schildkröte, Symbol des zufriedenen Glücks, hat Walter Hödl schon in seinem kleinen Teich aus Flußsteinen gestaltet. Ebenso wie einen „gelben Fluß", der beständigen Wohlstand darstellt.

Die Steine sind das „Grundgerüst" des kleinen, japanisch anmutenden Gartens von Walter und Margit Hödl. „Steine verkörpern Stabilität und Sicherheit", erläutert der pensionierte Kulturamtsdirektor. „Vielleicht ist ja mein Bedürfnis danach besonders groß."

Der Kunst des Steinesetzens geht die Kunst des Schauens voraus. Lehrlinge der japanischen Gartenkunst werden vier Jahre lang unterwiesen, wie Steine zu setzen sind. „Steine werden als Lebewesen gesehen", weiß Walter Hödl. Er hat sein Schauen unter anderem in vielen Schottergruben der näheren und ferneren Umgebung geübt. Jeden einzelnen Stein in seinem Garten hat er nach Form und Farbe exakt ausgesucht. „Ich mag die Flusssteine, die abgewaschen und gerundet sind."

Wenn man den Garten von der Straße her betritt, nimmt man als ersten einen großen Stein wahr, der ganz für sich steht. Der vier Tonnen schwere Granitstein, der von der Donau umspült und geformt wurde, ist auf Zentimeter genau gesetzt. „Wichtig ist, dass der Stein zu einem Viertel bis zu einem Drittel unter der Erde ist", gibt Herr Hödl einen kleinen Einblick in die vielen Überlegungen, die der Setzung des Steines vorausgegangen sind. Umrundet man ihn, sieht er von jeder Seite anders aus. An der Oberseite bildet er eine kleine Mulde, in der sich Wasser sammeln kann, in dem sich der Himmel spiegelt.

Der Granitstein gehört zum Eingangsensemble des Gartens. Eine Föhre, ein sibirischer Hartriegel, eine Koreatanne und der schon erwähnte „gelbe Fluß" – übrigens ein „Trockenfluß" ohne Wasser – bilden eine Winterlandschaft ab, stehen für den Wald, die Berge, das Wasser.

„Unser Garten ist nach dem Prinzip der Jahreszeiten angelegt", erläutert Walter Hödl. Eineinhalb Jahre hat er Haus und Garten auf dem nur 700 Quadratmeter großen Grundstück exakt geplant. Haus und Garten, Innen und Außen beziehen sich innig aufeinander. Das große, zum Garten hin sehr offene Haus harmoniert mit den Proportionen der einzelnen Gartenteile, der Höhe der Bäume und der Bepflanzung. Walter Hödl kennt die vielfältigen Bezugslinien in seinem Garten: „Vom Essplatz sehen wir in den Frühlingsgarten." Die frühen Blüten der japanischen Quitte erfreuen das Auge, Tulpen und Narzissen setzen kräftige Farbakzente, Farne und Funkien treiben ihre Wedel und Blätter in die wärmende Sonne.

An den Frühlingsgarten schließt der Sommergarten an. Zu ihm gehören ein streng rechteckiges Schwimmbad und eine großzügige Terrasse. Die Pflanzen des Sommers sind die Bougainvilleen, in Töpfen gezogen, und die rankenden Clematis an der Gartenmauer.

Vor vielen Jahren hat Walter Hödl als Ausgleich zu seinem stressigen Beruf mit Zen-Meditation begonnen. „Da konnte ich mich aber nicht konzentrieren." Also versuchte er es mit Ikebana. Mit „KADO – der japanische Blumenweg" lässt sich diese vielschichtige Philosophie am einfachsten beschreiben. Vielleicht passt auch: Konzentration und Eingehen auf das Wesen der Pflanzen. „Bei Ikebana ist man die ersten hundert Jahre Anfänger", lacht Walter Hödl. Wer den Weg der Einfachheit lernen will, scheut den der Vereinfachung vermutlich besonders. Konzentration, Genauigkeit, Ausloten der Spannung, diese Anforderungen des Ikebana kämen ihm entgegen, sagt Walter Hödl. Sie seien für ihn „Spiritualität".

Was davon in seinem Garten zum Tragen kommt, zeigt sich in Details. Ein heller Stein trifft auf einen dunklen, ein weich fallendes Blatt wird von einem steil aufragenden begleitet, ein streng geschnittener Strauch von der überfließenden Form weich fallender Zweige. „Vieles merkt der Betrachter nicht bewusst, aber er fühlt, wenn etwas stimmig ist", ist Walter Hödl überzeugt. Mag sein, dass die Handwerker ob der Genauigkeit des Bauherrn gelegentlich verwundert waren. Wie große und kleine, schmale und breite Steinplatten zueinander gesetzt werden sollten, gab er exakt vor. Passte die schwingende Linie eines Weges nicht ganz genau, musste sie abgeändert werden.

Vom Sommergarten wandert man weiter um die Ecke des Hauses, und da öffnet sich ein kleiner, nur sechs Meter tiefer Raum wie eine Miniaturlandschaft. Steine bilden Berge, kugelig geschnittene *Lonicera* (Geißblatt) die Hügel, ein kleiner Teich einen See. Den optischen Hintergrund schafft eine große Bluthasel, die allerdings auf dem Grundstück des Nachbarn wächst. „Im japanischen Garten spricht man vom geborgten Garten", sagt Walter Hödl. Landschaft und Pflanzen der Umgebung werden dankbar angenommen und in die eigene Gartengestaltung einbezogen.

Ein kleiner Bachlauf speist Wasser in den Teich. Der Quellstein des Wasserlaufes steht für Weiblichkeit und ist sorgfältig ausgesucht. Wie auch die Steinbrücke, die über das Gewässer führt. „Die Brücke darf in keinem japanischen Garten fehlen", erklärt Herr Hödl. Passend zum Alpenvorland, wo sein Garten gelegen ist, stammt die Brückenplatte aus einem alten Bauernhaus der Region.

Hat man die Brücke gequert, biegt man neuerlich um eine Hausecke und steht im „Hörgarten" mit wehenden Gräsern und Bambus. Darin hat Walter Hödl ein kleines „Teehaus" mit zwei Lärchensäulen, deren Füße in einem runden, genau bemessenen Stein stehen, gestaltet. Ein Trittstein im Aufgang

zur kleinen Lärchenholzveranda soll den bewussten Übergang in eine andere Welt erleichtern. „In Japan zieht man dort die Schuhe aus."

Spaziert man mit Walter Hödl durch seinen Garten, nimmt das Fragen kein Ende. Der Hausherr gibt geduldig Auskunft. Doch das beste Stück japanischen Gartens hat er sich für den Schluss seiner Führung aufbehalten. Wir steigen im Haus die Treppen hinauf und treten durch das Schlafzimmer auf eine großzügige, nahezu quadratische Terrasse, die über der Garage angelegt wurde. Am Horizont begrenzen die Auwälder der Traun den Blick. Die Terrasse ist von einer gut einen Meter hohen Brüstung umgeben und zu einem Drittel überdacht.

Der offene Teil besteht aus einem exakt geschnittenen Rasen und zwei sehr reduzierten Arrangements. In der linken, dicht bepflanzten Ecke ist ein Stein zu einem roten Schlitzahorn gesetzt. Im rechten Teil reduziert sich die Gestaltung auf einen rostfarbenen Stein und eine fünfnadelige Miniföhre. Dunkle, offene Erde, die in schwingender Linie vom Rasen abgesetzt und in leichten Hügeln aufgeschüttet ist, verbindet die beiden Elemente. Walter Hödl strahlt. „Hier stimmt sich die Seele ein auf das Wesentliche des Lebens, auf das Überdauernde in der Vergänglichkeit." In wunderbarer Harmonie breitet sich die Krone einer alten Föhre über die Steinsetzung in der linken Ecke. Die Föhre wird in Japan besonders verehrt als der Baum, in dem die Götter wohnen. Kann sein, dass sie von dort oben mit besonderem Wohlwollen auf einen blicken, der zumindest Teile eines japanischen Gartens mit glücklicher Hand geschaffen hat.

Die Kunst der Steinsetzung hat Walter Hödl in seinem privaten Garten erprobt. Die Schlafzimmer-Terrasse findet auch die volle Zustimmung von Gattin Margit.

Barock im Bauernland

Christian Kis verwirklicht auf einem früheren Acker seinen Traum eines barocken Gartens.

Im oberösterreichischen Alpenvorland stehen die Vierkanthöfe der Bauern wie Burgen zwischen Wiesen und Feldern. Das Verhältnis zu Grund und Boden ist hier nicht sentimental, sondern am Nutzen orientiert. Christian Kis denkt anders. Er hat einen barocken Garten angelegt. Zu nichts nutz. Nur zur eigenen Freude.

Wir treffen den Gärtner am Rande des Gartens an. Er steckt gerade Pfingstrosen, Rosen, Sommerastern, Frauenmantel und Strandflieder zu einem Strauß. Mit prüfendem Blick neigt er das Gebinde zur Seite und fügt dann noch weißpanaschierte Blätter einer Hosta hinzu. Christian Kis ist Blumenbinder und Florist. Im nahen Bad Hall betreibt er ein eigenes Geschäft. Nach einer Umschulung scheint er den Beruf fürs Leben gefunden zu haben. Seit einigen Jahren hat Christian Kis in Schiedlberg ein kleines Häuschen mit eineinhalb Hektar Wirtschaftsgrund. „Für eine Landwirtschaft war das zu klein. Eine Zeit lang habe ich nicht gewusst, was ich mit dem Grund machen soll."

Bis er auf einer Gartenreise durch England den romantischen Zauber üppiger Grünanlagen kennen gelernt hat. Bei einem Besuch im barocken Garten des niederösterreichischen Schlosses Schiltern setzte sich schließlich eine Idee unverrückbar in ihm fest: „So einen Garten will ich auch." Ein 7000 Quadratmeter großes Feld wurde gepflügt, geeggt, vermessen und eingeteilt.

Das Barock liebt die Symmetrie, die sich von einem unverrückbaren Zentrum her entwickelt. Der Mittelpunkt der Gesellschaft war damals der absolute Herrscher. Von ihm aus erklärte sich die Welt. Das spiegelt sich im barocken Garten. Christian Kis folgt diesem Modell. Sein Garten ist in vier gleichmäßige Rechtecke geteilt. Die Wege zwischen den Segmenten führen auf eine Mitte zu. Eine große Vasenskulptur als Höhepunkt der Gartenmitte muss man sich noch vorstellen – Christian Kis ist ja kein barocker Fürst mit gut bestückter Kasse. Die Beete hat er mit Buchsbaum und Lavendel gefasst. In den äußeren Begrenzungen des Gartens blühen Hosta, Rosen und Pfingstrosen. Weil der 41-jährige Gartenherr meist alleine im Garten werkt, lugt da und dort auch Unkraut zwischen den Schmuckpflanzen hervor. Vielleicht ist der Gärtner auch nicht ganz sicher, wie weit er die Strenge der Ordnung treiben möchte. Immer wieder durchbricht er die Geometrie. „Das ist ja kein Schaugarten, sondern mein privates Refugium, meine Batterie, wo ich Energie aufladen kann", erklärt Christian Kis. Er kann beim Anblick seines Gartens richtig strahlen: „Für mich ist das Barock einfach die pure Lebensfreude." Der Blick auf schon erreichte Fülle ist ihm eigen.

Am südlichen Ende begrenzt eine stattliche Hainbuchenhecke die Anlage. In das kräftige Gelbgrün mischen sich die pastosen Farben von Hochstammrosen. Man schlendert daran vorbei und steht unvermutet vor einem Durchgang in der Hainbuchenwand. Neugierig spitzt man um die Ecke. „Das ist das grüne Gartenzimmer", erklärt Christian Kis. Ein riesiger rechteckiger Raum, von Hainbuchen begrenzt, eröffnet sich. Vor der Hecke umläuft eine Rabatte das Grundstück. Die Basis-Bepflanzung ist erledigt, die jährlich wechselnden Blumen richten sich nach den Vorlieben des Gärtners. In den Ecken und entlang der Längsseiten stehen große hölzerne Obelisken zum Dienst bereit: „Da sollen einmal Rosen und Clematis empor ranken." Ein befreundeter Tischler hat ihm die Obelisken nach englischem Vorbild gezimmert. Sie fügen sich gut in das Ensemble des alpenvorländischen Barock. Wie auch die beiden Lindenbäume, die dem Willen ihres Pflanzers entsprechend in den Querseiten des Gartenzimmers einmal zu schattigen Oasen heranwachsen sollen. Man ist noch mit der Vorstellung dieser möglichen Zukunft beschäftigt, als Christian Kis eine große Kugel heranrollt. Aus metallenen Faßbändern, wie sie früher riesige Mostfässer umschlossen haben, hat ihm ein Freund einen überdimensionierten Ball geschmiedet. Den rollt er durch sein Gartenzimmer und freut sich wie ein Kind. An lauen Sommerabenden spielen in seinem Gartenzimmer manchmal Musikanten. Dann lädt er die wahren Gartenfreunde ein. Jene, die wissen, dass die Idee vom Garten den Menschen glücklich macht, vielleicht, weil sie ihn an ein verlorenes Paradies erinnert.

Buchsbaumhecken sind auch im barock inspirierten Garten von Christian Kis unverzichtbar. Sie geben Struktur und verhelfen Stauden wie Hosta, Lavendel oder Hortensien erst richtig zur Geltung.

Englische Rabatte am Bauernhof

Josef Molterer war jahrzehntelang Bauer und Politiker und hat erst in der Pension die Liebe zum Garten entdeckt. Die ist inzwischen ziemlich leidenschaftlich geworden.

Nur eine Rabattenbreite weggerückt von der Straße Bad Hall–Sierning steht der Bauernhof von Josef Molterer. Strahlend gelbe Schafgarben wachsen entlang der Hausmauer. Sie sind mit einer Schnur sorgfältig zurückgebunden. Das verrät einen aufmerksamen Gärtner und wohl auch einen auf Ordnung bedachten.

Josef Molterer empfängt mich am Gartentor. Noch sieht man nichts vom eigentlichen Garten. Eine Hainbuchenhecke und hohe Bäume schirmen Blicke ab.

Ökonomierat Josef Molterer hätte sich, erzählt er, nicht träumen lassen, seinen Ruhestand als Gärtner zu verbringen. „Als ich in Pension gegangen bin, dachte ich: Was fange ich nun an? Ich brauchte eine Beschäftigung." Das Thema Garten interessierte ihn. Als er mit seiner Frau 1990 den Hof an seinen Sohn abtrat, wies der Übergabevertrag den Passus auf, 4000 Quadratmeter Garten rund um das Haus stünden dem Übergeber zur alleinigen Gestaltung zu. Was er aus diesem Stück Erde gemacht hat, eröffnet sich unmittelbar, wenn man an der Frontseite des Vierkanthofes steht. Vor dem Auge erstreckt sich ein großer, rechteckiger Garten. In der Mitte dominiert ein großes Stück Rasen. An den Seiten sind in leicht schwingender Linie Staudenrabatte gepflanzt. Zum Haus hin grenzen eine Laube und ein befestigtes Wasserbecken den Raum ein. „Mein Vorbild ist der englische Staudengarten", erzählt der Gartenbesitzer. Gartenreisen nach England hätten diese Leidenschaft genährt. Außerdem sei ein Staudengarten pflegeleichter. „Ganz im Gegensatz zu den Sommerblumengärten, die bei uns noch üblich sind." Josef Molterer, der demnächst seinen 80. Geburtstag feiert, pflegt seinen Garten noch immer ganz allein. Seine Frau ist nur für den Gemüsegarten und den reichen Blumenschmuck an den Fenstern des Hauses zuständig. Jeder elegante englische Garten ist von außen nach innen, von der Höhe in die Tiefe aufgebaut. Herr Molterer hat an den Rand des Grundstücks hohe Bäume gepflanzt. Serbische Fichten und ein Ginkgobaum bilden besondere Glanzlichter. Davor und dazwischen stehen viele Sträucher. Hartriegelsorten (*Cornus*) und Schneeball (*Viburnum*) der Gattung *plicatum*, vor allem der Sorte „Pink Beauty" (ein Schneeball, der keine Läuse anzieht), gehört Herrn Molterers große Gunst. Der Boden zwischen den Sträuchern ist mit Bodendeckern begrünt, vornehmlich mit vielen Arten von Storchschnabel (*Geranium*). Vor diesem Hintergrund dürfen sich nun die Stauden entfalten. Rittersporn und Rosen, Waldreben (*Clematis*) und Pfingstrosen (*Paeonia*), Gräser, Sterndolden (*Astrantia*) und Fetthennen (*Sedum*) – sie wechseln einander in ihren Blühzeiten ab und verschaffen den Rabatten das ganze Jahr über optische Highlights.

„Der Gärtner ist der Regisseur des Gartens", sagt Josef Molterer. „Ein Regisseur, der sich immer wieder neue Darsteller sucht und dabei von Zeit zu Zeit die Hauptrollen umbesetzt, aber trotz ständiger Änderungen nie ganz zufrieden ist." Die Hauptrollen in seinem Garten waren zu Beginn von den Pfingstrosen besetzt. 25 verschiedene Sorten hat er in den Beeten gepflanzt. In seinem Gartenbuch hat er alle Pfingstrosen penibel aufgelistet mit Sortenname, Wuchshöhe, Blütenform, Blütenfarbe und Blütezeit und mit der Bezugsquelle. Ähnliche Listen gibt es auch für Rittersporne, denen das nächste Interesse galt. 40 Sorten hat Herr Molterer verzeichnet. Beim Gang entlang der Rabatten kennt er jeden mit Namen. „Das ist ein ganz neuer englischer Rittersporn namens ‚Amadeus'", und „auf diesen neuen Rittersporn ‚Garden party', der sehr schön in Rosa blüht, freu ich mich schon." Gärtner sind zukunftsorientierte Menschen. Sie haben immer eine Pflanze, deren Wachstum und erste Blüte sie erwarten. Ob das viele von ihnen jung hält?

Auch bei den Taglilien – „die hat Karl Förster die Stauden des intelligenten Faulen genannt, weil sie kaum Pflege brauchen" – hat Josef Molterer eine erkleckliche Sammlung geschafft. Er kennt aber auch hier seine Lieblinge. „El Desperado und Janine Brown sind am schönsten."

Als zusätzliche Hauptdarsteller bevölkern Clematis die Gartenbühne. Immerhin 60 verschiedene Sorten blühen überall in den breiten Rabatten. Die eifrigsten Lieferanten der kletternden Blütenstauden waren bisher eine deutsche und englische Gärtnereien. Seit Öffnung der Grenzen zu Osteuropa sind nun die Züchtungen aus Polen und den baltischen Staaten interessant. Die blaue Clematis „General Sikorski" gibt im Namen ihre Herkunft preis, andere hören auf Bezeichnungen wie „Dr. Ruppel", „Königskind", „Alabast" oder „Piilu". Die Clematis „Romantica" sei die robusteste, weiß der Gärtner. Aber besonders stolz ist er auf die neue Clematis „Cristal Fontain", die 2004 zur Clematis des Jahres gewählt wurde, bei ihm aber schon seit einem Jahr blüht. Was immer Herr Molterer tut, wird gründlich gemacht. So hat er zum Beispiel nach der idealen Rankhilfe für seine Clematis geforscht. Jetzt schwört er auf eine Form eines offenen Halbkreises, der zusätzlich mit gekreuzten Bambusstäben ausgelegt ist. Clematis ranken, so zeigt es seine Erfahrung, am besten an runden Stäben, mit Vorliebe an solchen mit einem Durchmesser von einem bis zwei Zentimeter. Natürlich weiß er auch, dass *Clematis viticella* und *texensis* im Herbst oder zeitigen Frühjahr bis auf 30 cm über Boden zurückgeschnitten werden und gedüngt werden müssen.

Viele der in kräftigen Farben und mit großen Blüten auftretenden Clematis kombiniert der Gärtner mit Rosen. „Meine Gartenfreundinnen sagen, das sei ein richtiger Herrengarten, weil ich kräftige Farben liebe", erzählt Herr Molterer. Er weiß, was er in seinem Garten will, und lässt sich nur ungern Pflanzen schenken. „Was sollte ich mit denen tun, die nicht in mein Pflanzkonzept passen?"

Sein Konzept sieht nun den Auftritt der nächsten Hauptdarsteller vor, und das werden die Funkien sein. Für sie hat Josef Molterer unter den hohen Douglasien am oberen Ende des Gartens einen Schattengarten angelegt. Immerhin 90 der Blattschmuckstauden hat er schon gepflanzt, sie mit Farnen und Carex-Gräsern kombiniert. Auch viele andere Gräser bereichern den Garten, wie *Miscanthus* (Chinaschilf), „Malepartus", „Flamingo", „Ferner Osten" oder „Morning Light".

Seinem Alter zollt der Gärtner nur insoferne Tribut als er keine Pflanzen mehr aus Samen ziehen will, sondern sie in herangewachsener Form in seinen Garten übernimmt. Auch, dass der Garten nicht mehr größer werden soll, ist klar. Schließlich widmet er sein Gärtnerleben nicht nur dem eigenen Grün, sondern auch verschiedenen Vereinen. So hat er die Landesgruppe Oberösterreich der Österreichischen Gartenbaugesellschaft mitbegründet und leitet sie auch. Neben Fachvorträgen und dem Austausch von Gartentipps führt diese Gesellschaft auch jedes Jahr eine Reise zu Gärten und Pflanzenzüchtern durch. Josef Molterer hat sich zum Ziel gesetzt, die Stauden in Oberösterreich bekannter und populärer zu machen. Wer Mitglied der Gartenbaugesellschaft wird, erhält immerhin auch Gelegenheit, den Garten des Herrn Obmanns zu besuchen. Wenn das kein Anreiz ist!

4000 Quadratmeter Garten sind der „Altenteil" von Josef Molterer. Er pflegt ihn im Stil englischer Staudenrabatten.

Alles Buchs, bitte!

Heidi Secklehner hat das Erbe ihres früh verstorbenen Mannes angetreten und pflegt einen Garten, der fast ausschließlich mit Buchs bestückt ist.

Ein ganzer Garten voller Buchs – vor Jahren war das einer österreichischen Tageszeitung eine Geschichte wert. Unter der Rubrik „Kurios" landete der Zeitungsausschnitt im Archiv und blieb im Gedächtnis. Nach mehreren Jahren endlich ein Anruf bei der im Text angeführten Familie Secklehner. Ob der Gärtner, Karl Secklehner, zu sprechen sei? „Mein Mann ist inzwischen gestorben, aber ich mache den Garten weiter. Sie können gerne kommen", sagt Heidi Secklehner. Eine schöne Adresse: „Hofgarten" in Gmunden, unterhalb des Schlosses Cumberland. Wie ein kleines Schloss wirkt auch das Haus der Familie Secklehner am Hang. Eine breite Auffahrt, ein großes Tor, schnitzwerkverzierte weiße Balkone und Giebel und davor Buchs, Buchs, Buchs. Buchs in Kugeln, Buchs als Hochstamm, Buchs als Kegel geschnitten oder in Reihen terrassenförmig angesetzt.

„Wir hatten zu Beginn den ganzen Hang mit Bodendeckern bepflanzt", beginnt Heidi Secklehner zu erzählen. „Da sah mein Mann eines Tages in einer Zeitschrift englische Gärten mit vielen formal geschnittenen Buchsbäumen. Das wollte er auch." Karl Secklehner begann mit einigen Buchszweigen zu experimentieren. Sie wuchsen gut an und ließen sich problemlos in Form schneiden. „Da begann eine wahre Leidenschaft!" Die bis zu Karl Secklehners Tod vor vier Jahren währte.

Heidi Secklehner kann die Zahl der Buchsbaumpflanzen in ihrem Garten nur schätzen. Vermutlich seien es Tausende, denn „wenn sich jemand 100 Stück holt, gehen die überhaupt nicht ab." Im Anzuchtgarten hinter dem Haus gedeihen die immergrünen Gartengewächse auf mehreren meterlangen Etagen in Blumenkisten. Wachsen die einen noch ungeformt heran, sind die im Garten Ausgesetzten schon geformt. Damit sie schön und dicht werden und auch dem Schneedruck standhalten, werden die Stöcke zweimal jährlich geschnitten, im späten Frühling und im Spätsommer. Je öfter Buchsbäume geschnitten werden, desto feiner verweben sich die eiförmigen kleinen Blätter des *Buxus arborescens*, wie er botanisch heißt.

Gleich am Aufgang zum Haus hat Karl Secklehner zwei schöne Buchsherzen geformt. „Eines Tages bin ich von der Arbeit heimgekommen. Da hat mein Mann gesagt, Heidi, ich habe dir heute ein Herz angepflanzt", erinnert sich Frau Secklehner. 27 Pflanzen hat er pro Herz eingesetzt. „Es ist wichtig, dass man Buchs nie austrocknen lässt", erinnert Heidi Secklehner an eine Grundregel.

Um alle Buchspflanzen im Garten in Form zu halten, arbeitet sie jeweils sechs Wochen täglich eine Stunde, um den neuen Austrieb wegzuschneiden. „Das ist immer noch viel weniger Arbeit, als ein durchschnittlicher anderer Garten macht."

Die ersten beiden Jahre nach dem überraschenden Tod ihres Mannes war sie oft müde und niedergeschlagen und wollte den Garten in dieser Form schon aufgeben. Doch dann erwachten ihre Lebensgeister wieder, und sie konnte im Garten das Vermächtnis ihres Mannes erkennen. „Er hat mir etwas ganz Schönes hinterlassen", sagt sie heute. Jeden Morgen geht sie auf den Balkon und blickt hinab in den Garten. „Der Garten hat für mich eine therapeutische Funktion bekommen. Wenn ich einmal nicht so gut drauf bin, gehe ich in den Garten und streife mit den Händen über die runden Rücken der Buchskugeln. Mir scheint, dass ich dadurch neue Kraft bekomme."

Ob im Buchs tatsächlich Kräfte wirken, die ihn seit langem schon zu einer wichtigen Gartenpflanze machen? Er steht in Bauerngärten – die Zweige brauchte man unter anderem, um Weihwasser zu versprengen –, aber auch in Herrschaftsgärten. Besonders im Barock und in der Renaissance schätzte man die leicht formbare Pflanze. Bis heute wird sie von Gartengestaltern als architektonisches Element eingesetzt.

„Unser Garten soll etwas Besonderes sein, einfach anders als die anderen", hatte sich Karl Secklehner gewünscht. Der gelernte Tischler stammte aus einfachen Verhältnissen. Unter großen finanziellen Anstrengungen erbaute er mit seiner Frau das Haus. Seine gestalterische Liebe lebte er holzschnitzend aus. Viele Zierelemente am und im Haus zeugen davon. Wie bei der Einrichtung ist Karl Secklehner auch im Garten mit Plänen zu Werke gegangen. „Er wollte es einfach schön haben, und mir hat gefallen, was er gemacht hat", sagt seine Witwe. Als aus Buchs schon Herzen, Kugeln, Kegel und vielerlei Bordüren geschaffen waren, wollte er mit dem Formen größerer Figuren beginnen. Doch dazu kam es nicht mehr. Nicht ganz 56-jährig starb er an einer Gehirnblutung. Mitten in seiner liebsten Beschäftigung, er war gerade dabei, im Garten 20 neue Buchsbäume zu setzen.

Wer möchte, kann bei Heidi Secklehner Buchsbäume ganz günstig erstehen. „Am wertvollsten ist mir daran, wenn ich sehe, dass jemand Freude an den Pflanzen hat", sagt sie. Ihr Mann hatte „seine" Stecklinge manchmal an den neuen Standorten bei den neuen Besitzern besucht. So weit geht Heidi Secklehner nicht. Aber sie erklärt gerne noch, wie man Buchsbäume selbst heranziehen kann. Ab Ende August reiße man von Buchsbaumstöcken junge verholzte Triebe ab und setzte sie in komposthaltige Erde. Schattig stellen, feucht halten und nach einem Jahr schauen, ob der Steckling schon bewurzelt ist. So einfach sei das. Und wer beginnt, zwei- bis dreijährige Setzlinge so regelmäßig zu schneiden, wie das Frau Secklehner tut, wird selbst auch bald Pflanzen verschenken müssen.

Die Pflege des Buchsgartens hat für Heidi Secklehner mit den Jahren eine fast therapeutische Funktion bekommen.

Ein Schattengarten im Schreber-Format

Gerda Janouschek hat einen typischen Wiener Schrebergarten an der
Alten Donau in einen attraktiven Schattengarten verwandelt.

„Dieser Garten ist ausgerichtet für Menschen mit
Körpergröße 1.60", begrüßt Dr. Gerda Janouschek
ihre Gäste. Tatsächlich muss den Höhentest bestehen, wer durch das grüne Gartentor hereingekom-
men ist. Eine japanische Hängerobinie (botanisch:
Sophora japonica pendula, denn Dr. Janouschek
kennt auch die lateinischen Namen ihrer Pflanzen)
steht wie zur Begrüßung gleich am Eingang. Ihre
hängenden Äste, die ein champignonförmiges
Dach bilden, sind exakt 1.60 Meter über dem Boden gestutzt. Gäste, die dieses Längenmaß über-
schreiten, können das Bücken gleich mit einer Ver-
beugung vor der Gartenbesitzerin verbinden. Diese
passiert die Höhenmessung aufrecht.
Ihr Garten am Mühlwasser an der Alten Donau im
22. Wiener Gemeindebezirk ist ein schattiges Som-
mer-Wohnzimmer. Es hat mit 290 Quadratmeter
die typische Größe eines Wiener Schrebergartens.
Seine Besitzerin quartiert sich seit Jahrzehnten im
Sommer im Gartenhaus ein, flieht ihre Wohnung
in der brütendheißen Wiener Innenstadt.
Wieder aufgerichtet, kann der Gast einen ersten
Eindruck von dieser kühlen Oase gewinnen. Links
führt ein Weg in einen kleinen grünen Tunnel. In
der Mitte des quadratischen Grundstücks steht ein
kleines Holzhaus, einem Bootshaus nicht unähnlich, dessen spitzes Dach fast bis zum Boden herun-
tergezogen ist. Zwei hohe Bäume beschatten es.
Rechts führt ein Weg entlang von Rabatten und
biegt um die Ecke. Geschwungene, weiche Formen,
die auch das Lieblingstier von Gerda Janouschek

charakterisieren: Nilpferdfiguren in allen Größen
bevölkern Haus und Garten.
An der großen Rabatte neben dem Eingang erklärt
die Gärtnerin gleich, welche Gestaltungsprinzipien
ihre Oase prägen. Eine hohe grüne Hecke, am Zaun
gezogener Efeu, bildet die grüne Wand. An den
Eckpunkten des Gartens und entlang der Seiten
setzt sie in regelmäßigen Abständen Bäume unterschiedlichen Wuchses mit unterschiedlichen Blattformen und -farben. „Bäume sind überhaupt das
Wichtigste im Garten", meint sie bestimmt. „Sie
müssen vor allem Schatten geben." Auf das flache
Gelände brenne die Sonne oft sehr stark nieder. „In
meinem Haus will ich es kühl."
Erstaunlich, wie viele Bäume in einem kleinen Garten Platz haben, ohne dass dieser vollgestopft
wirkt. Da fügt sich ein weißbunter Eschenahorn
(*Acer negundo variegata*) zur Blutpflaume (*Prunus
nigra*). Ein mächtiger chinesischer Mammutbaum
(*Metasequoia glyptostroboides*) fügt sich mit einem
lederblättrigen Schneeball (*Viburnum rhytidophyl-
lum*), einer Stechpalme (*Ilex*) und einem großen
Lorbeerstrauch (*Prunus laurocerasus*) zu einem Ensemble. Eine Hängeulme (*Ulmus glabra pendula*)
spendet an der Ecke des Hauses Schatten für die
Liege der Hausherrin. Alle Bäume unterpflanzt
Gerda Janouschek mit verschiedenen Stauden.
„Man darf kein Fleckchen offene Erde sehen", erklärt sie. Ein Besuch der berühmten „Chelsea Flo-
wer Show", bei der Gartengestalter in London ihre
neuesten Kreationen vorstellen, bestärkte sie in
diesem Prinzip. „Die Kunst der englischen Gärtner,
dem Auge viel zu bieten, kann ich aber bei weitem
nicht erreichen", übt sie sich in Bescheidenheit.
Bei den Pflanzen ihrer Rabatten geht es Gerda Janouschek vor allem um die Blätter, deren Form und
Farbe. Die Blüten der Pflanzen setzt sie in ihrer
Gestaltung weniger ein. Im Schatten der Bäume
gedeihen Funkien (Hostas) besonders gut und
prächtig. Aber auch die Pestwurz mit ihren großen
tellerförmigen Blättern breitet sich wie ein kleiner
Wald vor einem Baum aus.
Die besondere Vorliebe bei den Gartengehölzen
gehört der Hortensie (*Hydrangea*). Gerda Janouschek hat verschiedene Exemplare dieser Gat-

tung angesiedelt. In großen Bögen neigen sich die Blütenköpfe der weißgrünen Schneeballhortensie „Annabelle" zu Boden. Daneben reckt die Eichblatthortensie ihre rispenförmigen Blüten nach oben. Auch sie sind zart weiß, nur die gelbweißen Staubgefäße heben sich von der Blüte ab. Mehrere Samtblatthortensien wachsen mittlerweile zu großen Stauden heran, ihre tellerförmigen weißlila Blüten setzen unaufdringliche Farbpunkte. „Weiß ist für den Schattenbereich die schönste Blühfarbe", ist Gerda Janouschek überzeugt.

Wir biegen unter einer großen Fichte („die habe ich 1963 als ganz kleinen Setzling in einem Wald im Burgenland ausgegraben, ein Waldfrevel, eigentlich") um die Ecke des Hauses. Ein Kugelahorn (*Acer platanoides globosa*) rundet den Durchgang ab. Vor dem Haus erstreckt sich eine sattgrüne Wiese. Die Ecken und die Rabatten entlang der Gartengrenzen sind dicht bepflanzt. Schräg gegenüber lädt unter einem alten, kugelig geschnittenen Holunderbaum eine Bank zum Niedersetzen ein. Der Baumschnitt ist beständige praktische Notwendigkeit: „Wenn der Wind einen Baum umreißt, fällt er auf das Nachbarhaus."

Seit 1938 wohnt Gerda Janouscheks Familie jeden Sommer an der Alten Donau. Vor dreißig Jahren brannten das Gartenhäuschen und viele Pflanzen völlig ab. Damals arbeitete Gerda Janouschek noch als Psychologin in den Diensten des Landesarbeitsamtes Niederösterreich. Vor 25 Jahren wechselte sie allerdings das Metier. Sie wurde Wirtin des Jazzlokals „Einhorn". Schuld daran war ihr langjähriger Lebensgefährte, der Jazzmusiker Uzzi Förster. Mit Fatty George und Bill Grah zählte er zu den

Begründern der Wiener Jazzszene. Der Saxofonist starb 1995. Seit zwei Jahren gibt es den „Uzzi-Förster-Weg" in Wien, und es ist jene Gasse, die zum Sommergarten von Gerda Janouschek führt. „Der Fatty George hat a Gassn, vielleicht haben s' für mi ein Wegerl? Da am Mühlwasser, das wär' doch nett", erinnert sich Gerda Janouschek an einen Ausspruch ihres Gefährten. Er hat es bekommen. Uzzis älterer Bruder war der berühmte Philosoph Heinz von Förster. Gerda ist Vizepräsidentin der „Heinz-von-Förster-Gesellschaft" am Institut für Zeitgeschichte der Universität Wien.

Auch Uzzi Förster war ein großer Pflanzenfreund, allerdings besichtigte er die grünen Gefährten mit Vorliebe nächtens. Eine tagsüber unsichtbare girlandenförmige Beleuchtung ermöglicht es Gerda Janouschek bis heute, ihren Garten in ein „nächtliches Feenreich" zu verwandeln. „Als wir nach der Eröffnung des Lokals kein Geld hatten, haben wir sogar sechs Jahre ganz im Gartenhaus gewohnt", erinnert sie sich.

Gerdas Lieblingsplatz ist die Veranda vor dem Haus. Seit kurzem lockt gleich daneben ein kleiner Whirlpool zum Entspannen. Aber ehe sie das Nass genießen kann, muss Gerda Janouschek noch ihre spezielle Kompostmiete zeigen. In zwei 80 Zentimeter tiefen, nebeneinander liegenden und mit Holzlatten abgegrenzten Gruben reift das Gartengold heran. „Hier entsteht die herrlichste Erde, weil die Würmer und die anderen Lebewesen von allen Seiten dazu können."

Ehe man dieses kleine Gartenreich wieder verlässt, bückt man sich nochmals auf 1.60 Meter. Diese Ehrbezeugung ist angebracht.

Hortensien (im Vordergrund) sind ideal für schattige Plätze. Gerda Janouschek liebt sie in ihrem Schrebergarten.

TIPPS
UND
ADRESSEN

„Gartenmenschen", die ihre Gartentore öffnen:

Bella Bayer und Karl Lueger
Ring 111
A-8230 Hartberg
Tel. 03332/66164
www.bellabayer.at
Besichtigung nach telefonischer Voranmeldung.
Einmal jährlich „Gartenkunst und Buschenschank",
10 Tage Ende Juni/Anfang Juli.

Franz Erbler
Zöhrmüllerstraße 18
A-4540 Pfarrkirchen
Tel. 07258/2597, Fax 07258/2597-4
franz.erbler@24speed.at
Besichtigung gegen Voranmeldung, telefonisch am
besten um 8 Uhr früh.

Annemarie Gadermaier
Ried 12
A-3133 Nußdorf an der Traisen
Tel. 02783/8736
Besichtigung von April bis Oktober gegen telefoni-
sche Voranmeldung möglich.

Gernot Grammer
Stiftstraße 1
A-4490 St. Florian
Tel. 07224/8902/63
Telefonische Kontaktaufnahme nötig.

Ursula Haller
Erholungsheimstraße 3
A-3350 Stadt Haag
Öffnet ihren Garten am 10. und 11. Juni 2005,
jeweils von 9 bis 14 Uhr.

Elfriede Heinzle
Unteres Tobel 16
A-6840 Götzis
Tel. 05523/54087

Margit und Walter Hödl
hoedl@muk.at
Kontaktaufnahme nur über E-Mail.

Elke Huala
Burgeggerstraße 51
A-8530 Deutschlandsberg
Tel. 03462/2487
Atelier und Garten können nur gegen Voranmel-
dung besucht werden.

Gerda Janouschek
Industriezeile 137
Parzelle 17
A-1220 Wien
Tel. 01/2024567
Besichtigung nach telefonischer Voranmeldung.

Josef Kandlhofer
Löffelbach 193
A-8230 Hartberg
Tel. 03332/64787
Besichtigung nach telefonischer Vereinbarung (am
besten abends), Tausch und Verkauf von Hosta und
Stauden- und Gehölzraritäten.

Christian Kis
Ödt 16
A-4521 Schiedlberg
Tel. 0699/11488867
Besuch gegen Voranmeldung, keine Hunde.

Monika und Leopold Köhler
Hauptstraße 45
A-2126 Ladendorf
Tel. und Fax 02575/2287, Mobil: 0664/9324958
Besuch nach Voranmeldung. Schönste Zeit für Be-
sichtigungen ist Ende Mai/Anfang Juni.

Wera Köhler
Krobotek 22
A-8380 Jennersdorf
Tel. 03325/8647
Besuch des Gartens nur Samstag oder Sonntag, 11
bis 17 Uhr, und nur gegen telefonische Voranmel-
dung möglich. Beste Jahreszeit für Besuche ist Ende
Mai bis Mitte Juli.

Elfriede Lungenschmied
  Buchbach 47
  A-2630 Ternitz
  Tel. 02630/30772, 0664/4709801
  schaugarten@gmx.at
  www.hosta.at
  Besichtigung von März bis Oktober gegen
  telefonische Voranmeldung.

Ruth Maier
  Siebensterngasse 25
  A-1070 Wien
  Tel. 01/9445500
  Gartenbesichtigung zu den
  Galerieöffnungszeiten möglich.

Josef Molterer
  Bad Haller Straße 30
  A-4522 Sierning
  Tel. 07259/2189
  Gartenliebhaber sind willkommen,
  telefonische Voranmeldung erforderlich.

Dr. Hanna Neves
  Himberger Straße 4
  A-2482 Münchendorf
  Tel. 02259/2432
  hanna.neves@yahoo.co.uk
  Gartenbesichtigung nach Voranmeldung,
  Konzerttermine auf Anfrage.

Brigitte Orsini-Rosenberg
  Schloß Damtschach
  Damtschacher Straße 18
  A-9241 Wernberg
  Tel. 04252/2225
  Besichtigung und Führung nur gegen
  Voranmeldung.

Gerhard Pirner und Veronika Hofer
  Bahnhofstraße 10
  A-4644 Scharnstein
  Tel. 07615/30609
  kultur@prospera.at
  www.prospera.at
  Besuch gegen telefonische Voranmeldung möglich
  (Mai/Juni/Juli/September/Oktober).

Veronika Pitschmann
  Mitterndorf 98
  A-4643 Pettenbach
  Tel. 07586/8001-14
  veronika-pitschmann@gmx
  Im Juni gibt es eine „Offene Gartentür".

Karl Ploberger
  Besichtigung nur für Gruppen.
  Info: karl.ploberger@biogaertner.at

Sabine Scheybal
  Untertiefenbach 1
  A-2851 Krumbach
  Tel/Fax 02647/42853
  Besichtigung nach vorheriger telefonischer Anmel-
  dung, vierteljährig Workshops im Garten (Pro-
  gramm wird auf Anforderung zugeschickt).

Heidi Secklehner
  Tel. 07612/71285
  Gegen telefonische Voranmeldung (8 bis 10 Uhr).

Johanna Steinbrener
  Schloß Katzenberg
  A-4982 Kirchdorf am Inn
  Tel. 07758/2251 (nach 18 Uhr)
  Der Garten kann jederzeit besucht werden (Dreh-
  kreuz öffnet sich gegen Einwurf von 2 Euro).

Astrid Tegetthoff
  A-8413 St. Georgen an der Stiefing
  astrid@tegetthoff.at
  Nur gegen Vereinbarung via E-Mail.

Regina Wiklicky
  Hubertusstraße 17
  A-4240 Freistadt
  Tel. 07942/76314
  regiwik@yahoo.de
  www.clematisgarten.at
  Besuch gegen telefonische Voranmeldung.

Miriam Wiegele
  A-7463 Weiden 60
  miriam.wiegele@aon.at
  Führungen nach Vereinbarung, Kontaktaufnahme
  per E-Mail.

Bemerkenswerte Adressen für leidenschaftliche Gärtner und Gärtnerinnen

Empfohlen von den „Gartenmenschen" dieses Buches

Baumschulen und Gärtnereien:

ÖSTERREICH

Arche Noah
  Obere Straße 40
  A-3553 Schiltern
  Tel. 02734/8626,
  info@arche-noah.at, www.arche-noah.at
  (Alte Sorten v. a. Gemüse, Saatgutvermehrung,
  Tauschbörse)

Bio-Gärtnerei Artner
  Reichenau am Freiwald 9
  A-3972 Bad Großpertholz
  Tel. 02857/2970, artner-biobaumschule@wvnet.at
  www.artner-biobaumschule.at

Gärtnerei Bach
  Contiweg 185
  A-1220 Wien
  Tel. 01/2809534, info@gaertnerei-bach.at
  gaertnerei.bach@aon.at
  (Bestsortierte Gemüsegärtnerei, Sommerblumen,
  beeindruckendes Angebot an Duftpelargonien)

Gärtnerei Dopetsberger
  Oberharter Straße 9
  A-4600 Wels, Tel. 07242/420540
  (Pflanzenberatung und -auswahl)

Stauden Feldweber
  A-4974 Ort/Innkreis 139
  Tel. 07751/8320, mail@feldweber.com
  www.feldweber.com
  (Sehr umfassendes Angebot an Gartenstauden)

Rosarium Gruber
  Trattwörth 3
  A-4070 Eferding
  Tel. 07272/4143, rosarium@ycn.at
  (Rosen von Schultheis)

Sabine Huber's Paradieserl
  Saxendorf 17
  A-4351 Saxen
  huber-bine@gmx.at
  (Kleine, aber feine Gärtnerei mit großem Sortiment an
  Gewürz- und Heilpflanzen sowie Stauden, Schaugarten)

DI Alexander Mrkvicka,
  Siebzehn-Föhren-Gasse 7
  A-2380 Perchtoldsdorf
  alex@mrkvicka.at
  www.hobbies.privateweb.at
  (Bietet Samen von schwer erhältlichen Wildpflanzen an)

Naturgarten
  Andreas-Lechner-Straße 5
  A-1140 Wien, Tel. 01/9791798
  www.naturgarten.at
  (großes Angebot an Wildpflanzen, darunter auch
  viele Heilpflanzen)

Baumschule Praskac
  Praskacstraße 101-108,
  A-3430 Tulln, Tel. 02272/62460
  www.praskac.at
  (Größtes Angebot von Gehölzen und Sträuchern in
  Österreich, daneben auch gut sortiertes Staudenan-
  gebot)

Sarastro, Christian Kreß
  Ort 131
  A-4974 Ort/Innkreis
  Tel. 07751/8424, office@sarastro-stauden.com
  www.sarastro-stauden.com
  (Großes Angebot an Gartenstauden, darunter viele
  Raritäten)

Schneider Pflanzenservice
  Pflanzengroßhandel
  Ranseredt 45
  A-4773 Eggerding
  Tel. 07767/515, info@baumschule-schneider.at
  www.pflanzenversand.at
  (Großes, interessantes Angebot an Clematis)

Gärtnereien Starkl
  Gärtnerstraße 4
  A-3430 Frauenhofen
  Tel. 02272/64242, office.tulln@starkl.at
  www.starkl.at

„Staudenzauber" Andreas Lungenschmied
  Laternengasse 2
  A-2632 Grafenbach
  Tel. 02630/30641, staudenzauber@gmx.at
  (Versand von Staudenpflanzen)

Stiftsgärtnerei Seitenstetten
Am Klosterberg 1
3353 Seitenstetten
Tel. 07477/42300-0
wirtschaftskanzlei@stift-seitenstetten.at

Gärtnerei Alois Stöckl
4775 Zell an der Pram
Tel. 07764/8335-0
office@baumschule-stoeckl.at
www.baumschule-stoeckl.at

Erlebnisgärtnerei Stremnitzer
Hauptstraße 62, 2126 Ladendorf
(Blumen, Kreativfloristik, Baumschulware)

Gartenbau Wagner
Gutendorf 38, A-8353 Kapfenstein,
Tel. 03157/2395, mail@gartenbauwagner.at
www.gartenbauwagner.at
(Gut sortiertes Angebot an Gewürzkräutern und
Heilpflanzen, Rosen und Stauden)

DEUTSCHLAND

„Artemisia" Allgäuer Kräutergarten
Hopfen 29
D-88167 Stiefenhofen
Tel. 0049/8386/960510, info@artemisia.de
www.artemisia.de

Blauetikett Bornträger
D-67591 Offstein
Tel. 0049/6343/905326
www.blauetikett.de
(Großes Samen- und Pflanzenangebot von Wild-
pflanzen, Kräutern und Heilpflanzen)

Blumenschule
Augsburger Straße 62
D-86956 Schongau
Tel. 0049/8861/7373,
www.blumenschule.de
(Gut sortierter Kräutergärtner)

Botanischer Alpengarten
Aeschacher Ufer 48
D-88132 Lindau/Bodensee
Tel. 0049/8382/5402
(Alpenpflanzen, darunter auch viele Heilpflanzen)

Hans Georg Buchtmann
Hafenstraße 14
D-26316 Varel
Tel. 0049/4451/4936
(Umfangreiche Ilex-Sammlung)

Dr. Ulrich Fischer
Waterloostraße 19
D-38106 Braunschweig
Tel. 0049/531/334110
(Spezialsortiment Hosta, Heuchera, Heucherella,
Tiarella, Asarum, Pulmonaria)

Staudengärtnerei Gaissmayer
Jungviehweide 3
D-89257 Illertissen
Tel. 0049/7303/7258
www.staudengaissmayer.de
(Große Staudengärtnerei mit vielen Gewürz-
kräutern)

Albrecht Hoch
Potsdamer Straße 40
D-14163 Berlin
Tel. 0049/30/802 62 51
(Beeindruckendes Angebot an Raritäten und Spezia-
litäten aus der Welt der Zwiebelpflanzen, z. B. die
duftende Tulpe „Prinz von Österreich")

Hof Berg-Garten
Lindenweg 17
D-79737 Großherrischwand
Tel. 0049/7764/239
www.hof-berggarten.de
(Bestsortiertes Samenangebot von Wildpflanzen,
darunter viele Heil- und Gewürzkräuter)

Rosenschule und Versand Inger J. Jensen
Am Schlosspark 2b
D-24960 Glücksburg

Staudengärtnerei Alpine Raritäten
  Jürgen Peters
  Auf dem Flidd 20
  D-25436 Uetersen
  Tel. 0049/4122/332
  www.alpine-peters.de
  www.staudenshop-peters.de
  (Spezialsortiment an Campanula, Helleborus,
  Hepatica)

Rühlemannns Kräuter & Duftpflanzen
  Auf dem Berg 2
  D-27367 Horstedt
  Tel. 0049/4288/928558
  www.ruehlemanns.de
  (Beeindruckendes Angebot an exotischen und hei-
  mischen Heil- und Gewürzpflanzen und Samen,
  darunter viele außergewöhnliche Pflanzen)

Rosenhof Schultheis
  Bad Nauheimer Straße 3-7
  D-61231 Bad Nauheim
  Tel. 0049/6032/81013
  infos@rosenhof-schultheis.de
  www.rosenhof-schultheis.de

Syringa-Duftkräuter
  Bachstraße 7
  D-78247 Hilzingen-Binningen
  Tel. 0049/7739/1452
  www.syringa-samen.de
  (Großes Angebot von schwer erhältlichen Samen
  und Pflanzen von Duftpflanzen, Gewürzkräutern
  und Wildpflanzen)

Raritäten-Gärtnerei Treml
  D-943471 Arnbruck
  Eckerstraße 32
  Tel. 0049/9945/905100
  www.pflanzentreml.de
  (Großes Angebot an exotischen und heimischen
  Heil- und Gewürzpflanzen)

Friedrich Manfred Westphal
  Peiner Hof 7
  D-25497 Prisdorf,
  Tel. 0049/4101/74104
  www.clematis-westphal.de
  (Spezialgärtnerei für Clematis)

SCHWEIZ

Gärtnerei Jakob Echmann jun.
  Waltwil 51
  CH-6032 Emmen
  Tel. 0041/41/2606473
  (Steingartenpflanzen, Staudenraritäten, Saxifraga,
  Campanula und Primula)

Magnolien-Baumschule Otto Eisenhut
  CH-San Nazzaro
  0041/7951867
  www.eisenhut.ch

Weinlandstauden AG
  Breitestraße 5
  CH-8465 Wildensbuch
  Tel. 0041/52/3191230
  www.frei-weinlandstauden.ch
  (Spezialisiert auf Geranium, Gewürze, Heilkräuter
  und Päonien)

INTERNATIONAL

Avon Bulbs
  Burnt House Farm, Mid Lambrook
  South Petherton, Somerset TA13 5HE
  www.avonbulbs.co.uk
  info@avonbulbs.co.uk
  (Sehr gutes Blumenzwiebelsortiment)

The Beth Chatto Gardens
  Elmstead Market, Colchester, Essex CO7 7DB,
  England
  Tel. 0044/1206/822007
  www.bethchatto.fsnet.co.uk
  (Spezialsortiment für Kies- und Waldgärten)

Richters, The Herb Spezialist
  Goodwood, Ontario, LOC 1AO, Canada
  www.Richters.com
  (Weltweit größtes Angebot an Heil- und Gewürzpflanzen, darunter auch viele aus der chinesischen,
  ayurvedischen und indianischen Medizin)

Samen:

Eifler- Samen
  Petersplatz 11
  A-1010 Wien
  Tel. 01/5336103, e-mail: EiflerSamen@utanet.at
  (Schönes Angebot an Gemüsesamen, auch alte
  Sorten, Gartenblumen, Zwiebelpflanzen)

Reinsaat
  A-3527 St. Leonhard am Hornerwald 69
  Tel. 02987/2347
  www.reinsaat.co.at

Voitsauer Wildblumensamen
  A-3623 Voitsau 8
  Tel. 02873/7306, wildblumensaatgut@utanet.at
  www.wildblumensaatgut.at
  (Großes Saatgutangebot von Wildpflanzen)

Küpper-Blumenzwiebeln & Saaten GmbH
  Postfach 1468
  D-37254 Eschwege
  (Riesiges Sortiment an Tulpen- und Narzissen-
  zwiebeln)
  In Österreich zu beziehen über:
  Fa. Renner & Beppler
  Salzweg 12
  A-4894 Oberhofen am Irrsee
  Tel. 06213/20081, office@renner-beppler.at
  www.renner-beppler.at

Chiltern Seeds,
  Bortree Stile, Ulverston,
  Cumbria LA12 7PB, England
  www.chilternseeds.co.uk
  (Beeindruckendes Samenangebot von Pflanzen
  rund um den Erdball)

Secret seeds
  Love, Tiverton, Devon
  UK EX16 7RU
  www.secretseeds.com

J. L. Hudson,
  Box 337, La Honda,
  California, 94020 U.S.A.
  www.jlhudsonseeds.net
  (Interessantes Samenangebot, darunter auch
  besondere mexikanische Heilpflanzen)

Gartenschauen:

Gartentage Seitenstetten
  Jeweils Mitte Juni im historischen Hofgarten
  Information: 07477/42300
  www.stift-seitenstetten.at

Botanischer Garten der Universität Wien
beim Belvedere
  Rennweg 14
  A-1030 Wien
  Tel. 01/4277-54100
  www.botanischer-garten.at

Gartenlust und Rosenzauber
  Ein Fest in zwei Gärten Anfang Juni
  Cathy Matuschka und Ruth Wegerer
  Information: 0676/5339900,
  www.marienschloessl.at

Naturgartenführer Niederösterreich
  Schaugärten in Niederösterreich
  Tel. 02742/74333

Gartenführer Oberösterreich
  Umweltakademie des Landes Oberösterreich
  Stockhofstraße
  4020 Linz
  Tel. 0732/7720/14416

Freisinger Gartentage
  Jährlich Anfang Mai
  Information: Anita Fischer
  Obere Domberggasse 7
  D-85354 Freising
  Tel. 0049/8161/81887
  anita.fischer.la@t-online.de
  www.freisingergartentage.de

Rosenschau im alten Kloster Unterliezheim
  Jährlich Anfang Juli
  Information: Obst- und Gartenbauverein Unterliezheim e.V.
  www.ogv-unterliezheim.com

Kamptalgärten
  www.kamptalgaerten.at

Gartenbücher der Porträtierten:

Werner Gamerith: „Naturgarten. Der sanfte Weg zum Gartenglück", Verlag Ch. Brandstätter

Miriam Wiegele: „Der Kräutergarten auf Balkon und Terrasse", „Duftpelargonien. Anbau, Pflege und Sorten", „Zauberpflanzen. Magisches, Heilendes und Praktisches", Agrar Verlag. „Geschichten von Blumen und Kräutern", „Kräuterelixiere. Die selbstgemachte Hausapotheke", „Kräuterheilkunde. Aus wissenschaftlichen Grundlagen basierend zur Selbstanwendung", Bacopa Verlag

Brigitte Vogl-Lukasser: „Über'n Zaun g'schaut", Osttiroler Bäuerinnen und ihre Gärten", Eigenverlag des Verbandes der Tiroler Obst-und Gartenbauvereine, Brixner Straße 1, 6020 Innsbruck,
Tel. 0512/5929/204
gruenes.tirol@lk-tirol.at,
www.gruenes-tirol.at

„Bauerngärten in Niederösterreich. Nischen des Glücks – Liebeserklärungen ans Leben", erhältlich bei: Stadt-Land-Impulse, Fischamender Straße 12, 2460 Bruck/Leitha, Tel. 02162/64888,
office@stadt-land-impulse.at
www.stadt-land-impulse.at

Karl Ploberger: „Der Garten für intelligente Faule", „Die schönsten Balkone und Terrassen für intelligente Faule", „Willkommen in meinem Garten. Erfahrungen eines intelligenten, faulen Gärtners", alle im Agrarverlag

Barbara Frischmuth: „Fingerkraut und Feenhandschuh. Ein literarisches Gartentagebuch", „Löwenmaul und Irisschwert. Gartengeschichten", beide Aufbau-Verlag

Organisationen für Gärtner:

Verband der Tiroler Obst- und Gartenbauvereine
Brixner Straße 1
A-6020 Innsbruck
Tel. 0512/5929/204, gruenes.tirol@lk-tirol.at
www.gruenes-tirol.at
(Veranstaltet einmal jährlich einen Tag der Offenen Gartentür in privaten Gärten Tirols)

Österreichische Gartenbaugesellschaft
Parkring 12
A-1010 Wien
Landesgruppe Oberösterreich: Josef Molterer
Bad Haller Straße 30
A-4522 Sierning
Tel. 07259/2189

Österreichische Gesellschaft für historische Gärten (ÖGHG)
Dannebergplatz 8/9
A-1030 Wien
garten@bda.at

Lustgärtner
Ruth Wegerer und andere Gartenfreunde laden zum Austausch und zu Gartenbesuchen.
ruthwegerer@vienna.at

Gesellschaft der Staudenfreunde
Eichenstraße 5
D-67259 Beindersheim
Tel. 0049/6233/371837
info@gds-staudenfreunde.de

The English Gardening School
66 Royal Hospital Road
London SW3 4HS, England
www.EnglishGardeningSchool.co.uk

Herzlichen Dank allen „Gartenmenschen", die ihre Zeit, ihre Geduld und viele Informationen in dieses Buch einfließen haben lassen. Allen, die durch Hinweise und Tipps auf „Gartenmenschen" zu diesem Werk beigetragen haben, ebenfalls vielen Dank!

Dr. Peter Fuchs, Biologe, Steyr – Hummelkästen im Garten.

Bibliografische Information der Deutschen Bibliothek
Die Deutsche Bibliothek verzeichnet diese Publikation in der Deutschen Nationalbibliographie;
detaillierte bibliographische Daten sind im Internet über http://dnb.ddb.de abrufbar.

www.residenzverlag.at

2. Auflage 2005

© 2005 Residenz Verlag
im Niederösterreichischen Pressehaus
Druck- und Verlagsgesellschaft mbH
St. Pölten – Salzburg

Gestaltung: Kurt Hamtil, verlagsbüro wien
Fotos: © Petra Rainer, www.petra-rainer.at
Lektorat: Astrid Graf
Scans und Bildbearbeitung: Boris Bonev, Wien
Gesamtherstellung:
Druckerei Odysseus | Stavros Vrachoritis Ges.m.b.H.
A-1230 Wien, Erlacher Straße 20

ISBN 3-7017-1406-1

Lust auf noch mehr Gärten?

WINTERSBERGER, ASTRID (HRSG.)
Der Garten und sein Mensch
Schriftsteller über ihre Leidenschaft
176 Seiten, zahlreiche Farbabbildungen
ISBN 3 7017 1242 5

BUCHAN, URSULA
Gut im Beet
Über die Lust am Gärtnern
Aus dem Englischen von Jens-Uwe Voss
176 Seiten, zahlreiche Farbabbildungen
ISBN 3 7017 1329 4